鹤山古树名木

Ancient Trees in Heshan

林永标　易绮斐　主编

中国林业出版社

图书在版编目（CIP）数据

鹤山古树名木 / 林永标，易绮斐主编 . -- 北京 : 中国林业出版社 , 2017.7

ISBN 978-7-5038-9159-5

Ⅰ . ①鹤… Ⅱ . ①林… ②易… Ⅲ . ①树木—介绍—鹤山 Ⅳ . ① S717.265.3

中国版本图书馆 CIP 数据核字 (2017) 第 161019 号

鹤山古树名木 林永标　易绮斐　主编

出版发行：中国林业出版社

地　　址：北京市西城区德胜门内大街刘海胡同 7 号

策划编辑：王　斌

责任编辑：刘开运　李春艳　吴文静

装帧设计：广州百彤文化传播有限公司

印　　刷：北京雅昌艺术印刷有限公司

开　　本：889mm × 1194mm

印　　张：13.25

字　　数：485 千字

版　　次：2017 年 8 月第 1 版 第 1 次印刷

定　　价：188.00 元　（USD 37.99）

Ancient Trees in Heshan

中国科学院华南植物园
鹤山市农林渔业局
鹤山市林业科学研究所

编委会

主任委员：陈荣信

主　　编：林永标　易绮斐

编　　委：林永标　易绮斐　李伟翔　谢明生　文锦柱
陈伟华　李超明　郭志峰　张炳华　吴林芳

摄　　影：林永标　易绮斐　吴林芳　邓双文

前言

古树名木是指在人类历史发展过程中保存下来的年代久远或具有重要科研、历史、文化价值的树木。它既是一段历史的见证者，也是一种文化的记录者，不仅是一部自然环境的发展史，而且是研究自然史的重要资料，也是大自然留给人类的宝贵遗产。古树蕴含着丰富的人文历史，每一棵古树几乎都包含着一段曲折的历史故事或者埋藏着一个美妙的传说。正如2013年中央电视台国际频道拍摄的《中国古树》纪录片中的开头语所说：

聆听一棵古树，接收来自远古的生物密码；

阅读一棵古树，追寻一段难忘的绿色记忆；

抚摸一棵古树，感受年轮记录下的悠久历史文化。

……

古树不仅有重要的历史文化价值，同时也具有重要的科学价值，是树木年轮学、考古学、生态学、古生物学等学科的重要研究材料。因此，调查和研究古树名木，对生态、科研、人文、地理、旅游资源挖掘等诸多方面都有极为重要的意义。本书所记录的古树名木位于广东省鹤山市境内，其与鹤山市地理环境、人文历史、社会发展及长期人类活动等密切相关。记录了鹤山发展历程、社会经济发展以及人们生产生活轨迹等方方面面。

鹤山市位于广东中南部，珠江三角洲的西南部，东经112°28' ～ 113°2'，北纬22°28' ～ 22°51'。东西长约58.7 km，南北宽约42.3 km。北邻佛山市高明区，西北部与新兴接壤；东南与新会区、开平毗邻，东北与南海、顺德隔江相望，全市国土总面积1 082.85 km^2。自然地貌丰富多样，地势自西向东倾斜，东部低平，北部最低。中部山峰绵亘，丘陵起伏。境内主要有云宿山、皂幕山、茶山等三大山脉，以皂幕山主峰亚婆髻为最高峰，海拔807.5 m；地形最低点为古劳镇大埠围，海拔只有1 m。东北部、中南部以丘陵山地为主，面积达1 003 km^2，占全市总面积的90.5%。海拔500 m以上山地约23.3 km^2，占全市总面积2.1%。冲积平原面积为82 km^2，占全市总面积的7.4%。境内河流众多，主要有西江干流、沙坪河、雅瑶河、宅梧河、址山河等8条，总长200.8 km，流域总面积1 003.28 km^2，除沙坪河属西江流域外，其余均属潭江水系。

鹤山市地处北回归线以南，属南亚热带海洋性气候，四季不明显，全年温暖、阳光充足。年平均降雨量1 771.7 mm，平均温度22.2 ℃，最高温度38.8 ℃，最低温度0.0 ℃；无霜期达354天，平均日照时数为1 797.8小时。

鹤山市地貌特征可概括为“七山一水二分田”，主要以丘陵山地为主，占总面积的92.6%。全市林业用地面积53 839 hm^2，其中有林地面积46 226.5 hm^2。按林种分，生态公益林面积17 024.1 hm^2，商品林面积36 814.5 hm^2，森林覆盖率48.75%，林木栽植率53.5%，活立木总蓄积290.86万m^3，现有省级森林公园1个，曾获国家和省市授予的“全国造林绿化百佳（县）市”“全国造林绿化先进单位”和“广东省林业生态（县）市”等多项殊荣。

在有关鹤山市境内树木方面的历史记载中，最早见于《鹤山县志》。据公元1754年（乾隆十九年）《鹤山县志》

记载，县内主要树种有：木棉、桑、楠、椽、杉、樟、松、柏、桐、榕、柞、山椰、桄榔、乌桕及荔枝、龙眼、石榴、杨桃和竹类（鹤山县县志编纂委员会，2001）。这是笔者所能查阅到的有文字记载以来有关于鹤山树木方面的最早记录资料。

其实，鹤山历史上是植被茂密、物种繁多的区域，地带性植被为亚热带季风常绿阔叶林。据罗绍纶《十七村记略》记载："鹤城未建之先，空山蒙翳，界新、开两邑之间，为瑶蛮土寇藏集之所，盖自前明成化以来二百余年，民人未有托付居者"。表明在鹤山建制之前，鹤城周边少有人类活动，应该为森林茂密的地区。这也可从《鹤山县志》建制篇中得到证实，1732 年，鹤山建县时，原县城鹤城周边是盗贼横行的山野之地（鹤山县志编纂委员会，2001）。主要是山多森林茂密，人迹罕至，清政府为了加强这一地区的统治才在此建县。但建县后至今 280 多年中，由于大量的人口迁入、长期的开荒种植和过度的人类活动导致植被退化，从鹤山早期茶叶种植、生产及贸易盛况中可见一斑。再加上新中国成立后连续多次的乱砍滥伐，从而形成了大面积的丘陵荒山。从 1985 年开始，鹤山市积极响应广东省政府提出的"五年消灭荒山，十年绿化广东" 的决策，进行大规模的绿化造林，仅用 5 年时间，完成了广东省政府提出的绿化达标指标，至 1991 年森林覆盖率达 44.1%。但所营造的人工林，树种单一，主要以针叶林为主，林分结构较差，以中幼年林为主。1994 年，广东率先实施森林分类经营，开始出现私有制造林，并开始了大面积营造速生丰产林，致使野生植物资源保护状况更为严峻。根据当地林业部门 1981 年林业资源调查表明，鹤山境内常见树种分属 67 科 268 种，也引种一些优良热带树种如母生、柚木、团花等（鹤山县志编纂委员会，2001）。另据 1999 年的相关记载，鹤山市约有植物种类 900 多种，其中木本植物约 300 种、中草药 60 多种。在各乡镇的村前屋后通常保留了部分次生林，俗称"风水林"，对野生植物资源保护起到非常重要的作用。其主要组成种类有壳斗科的红锥 (*Castanopsis hystrix*)、锥栗 (*C. chinensis*)，山茶科的荷木 (*Schima superba*)，山龙眼科的越南山龙眼 (*Helicia cochinchinensis*)，大戟科的黄桐 (*Endospermum chinense*)，杜英科的山杜英 (*Elaeocarpus sylvestris*)，以及樟科润楠属 (*Machilus*)、樟属 (*Cinnamomum*)、厚壳桂属 (*Cryptocarya*)、木姜子属 (*Litsea*) 和桃金娘科蒲桃属 (*Syzygium*) 的一些种类，种类多而富于热带性（曹洪麟等，1999）。

1984 年在中国科学院华南植物研究所和当时鹤山县委、县政府及相关部门的重视和支持下，中国科学院华南植物研究所与鹤山县林业科学研究所合作共建了中国科学院鹤山丘陵综合试验站，并开展了退化生态系统植被恢复的试验、示范研究工作。通过引种豆科类速生阔叶树种，构建先锋群落；其后又陆续对早期营造的先锋树种进行持续的林分改造，分别引种地带性的优势乔木树种 36 科 87 种。至 2001 年，鹤山丘陵综合试验站植物资源调查共有维管植物 97 科 213 属 279 种（含种下等级，下同），其中蕨类植物 13 科 16 属 20 种；裸子植物 6 科 8 属 9 种；被子植物 78 科 189 属 250 种（双子叶植物 68 科 154 属 205 种，单子叶植物 10 科 35 属 45 种）（傅声雷等，2011）。形成了鹤山市植物资源最为丰富，引种植物种类最多的生态公益林示范区，总面积约 167 hm^2。

2012 年中国科学院华南植物园（原中国科学院华南植物研究所）在鹤山市境内开展木本植物资源调查，经过近两年的野外调查、标本采集、标本鉴定、文献研究等，并在此次调查的基础上编辑出版了《鹤山树木志》一书。共收录鹤山野生和常见栽培的木本植物 77 科 231 属 384 种，其中野生植物 57 科 142 属 235 种（易绮斐等，2013）。这是对鹤山市区域内自然植物资源的一次系统总结，全面、系统的记录了鹤山境内木本植物资源现状及其分布情况。

众所周知，鹤山等五邑地区是我国著名的侨乡，有着较为悠久的对外交流历史，保存着许多珍贵的古树名木。这类树木既可以构成美丽的景观，同时也是活的文物，是当地悠久历史文化的见证者，具有不可估量的人文价值；同时也可为研究该地区的历史文化、气候变化、环境变迁、植物分布特征等提供重要的资料；对古树进行调查，也可为古树资源保护、城乡绿化树种选择、规划等提供重要的借鉴作用。鉴于此，2014 年由鹤山市林业局（现为农林渔业局）立项，对鹤山全市的古树名木进行系统调查，本次调查的范围为鹤山市全境，包括沙坪、雅瑶、龙口、古劳、桃源、共和、址山、鹤城、云乡、宅梧、双合共 11 个镇。调查的主要内容包括树种名称、地理位置、树龄、树高、胸围、冠幅、生长势、保护现状、树木特殊状况、GPS 定位信息和多媒体信息采集等。调查主要参照 2007 年全国绿化委员会发布的《全国古树名木普查建档技术规定》，按照该规定的要求对鹤山市全境的古树名木进行每木调查。

在此次全面对鹤山市的古树名木进行调查之前，鹤山市林业局也在 2004 年公布了鹤山市第一批古树名木，共登记在册的古树 53 株，隶属于 5 科 5 属，其主要以桑科榕属的细叶榕（*Ficus microcarpa*）为主，共 40 株，包括高山榕（*Ficus altissima*）1 株，樟树（*Cinnamomum camphora*）4 株，荔枝（*Litchi chinensis*）2 株，格木（*Erythrophleum fordii*）2 株，红桂木（*Artocarpus nitidus* subsp. *lingnanensis*）3 株以及土沉香（*Aquilaria sinensis*）1 株。分布于全市 10 个镇，其中古劳 8 株、龙口 5 株、合成 4 株、双合 3 株、宅梧 6 株、鹤城 5 株、址山 8 株、沙坪 5 株、共和 4 株、雅瑶 5 株，并对该批古树进行统一编号及挂牌。但时隔 10 年，为进一步摸清鹤山市古树名木资源及生存现状，2013 年鹤山市林业局在各镇级政府及林业站协助下，以村民委员会为调查单元，对鹤山的古树名木资源进行了一次摸底调查，共收集各乡镇村委会上报的古树名木记录资料 300 多份，但由于调查人员植物基础知识不足以及对古树名木的定义不清楚，上报数据参差不齐，只能作为进一步深入调查的线索，因此 2014 年由中国科学院华南植物园、中国科学院鹤山丘陵综合试验站研究人员对上述资源进行汇总，在此基础上开展了针对鹤山市全境的古树名木调查工作。本次调查主要依据 2004 年鹤山市古树名木名册及各村委会上报数据资料，由中国科学院华南植物园、鹤山市林业局、鹤山市林业科学研究所等相关人员组成，在各乡镇、林业站、村委会大力配合和支持下，开展鹤山市古树名木的每木调查工作。经调查发现 2004 年在册登记的古树中有 7 株已经自然死亡或者遭受人为破坏，特别是一些保护价值较高的树木如土沉香等受到比较严重的破坏，部分树龄较老的荔枝也由于管理粗放或者是病虫害等原因导致其死亡。本书共收录鹤山古树名木 24 科 31 属 38 种（包括种以下分类群），其中裸子植物 3 科 3 属 3 种；被子植物 21 科 28 属 35 种。记载了每种植物的中文名（别名）、学名（包括异名）、科属、形态特征、生境、产地、国内外分布、用途等。本书科的排列，裸子植物按郑万钧 1975 年系统，被子植物按哈钦松系统排列；属、种则按拉丁字母顺序排列。

根据调查结果及相关资料汇集，我们编写了《鹤山古树名木》一书，记录鹤山市现存的古树资源现状及其相关的人文历史，并对其保护复壮技术进行概述。本书内容包括五个部分：第一部分为概述，介绍进行古树名木调查的目的、意义及其调查方法；第二部分为鹤山人文历史及植物资源的相关记载，包括历史沿革、人文活动及林业相关的历史记录等；第三部分主要是对鹤山古树调查资料的综合分析，并结合人文历史记录讲述了一些有关鹤山古树的历史和人文故事；第四部分为鹤山古树名木资源及种类介绍，包括其植物学名、形态特征、产地分布、鹤山分布、生物生态学特性等，并附有株形、花果图片等；第五部分是有关古树名木保护和复壮技术及其相关法律法规，最后提出对古树保护的措施和建议，为鹤山古树名木保护和利用提供参考。

本书在调查、编写和出版过程中，得到中国科学院华南植物园吴林芳、陈志鹏、龙春青等的帮助，鹤山市农林渔业局李伟翔、谢明生、张炳华、陈伟华等的大力支持，鹤山市城市综合管理局任文、梁枝垣等支持和帮助，特别是鹤山市林业科学研究所李超明、郭志峰等全程参加调查工作并提供支持和帮助，鹤山市沙坪农业和农村工作办公室、鹤山市沙坪镇各街道、鹤山市雅瑶镇林业站、龙口镇林业站、古劳镇林业站、共和镇林业站、宅梧镇林业站、双合镇林业站等未留名同志的积极配合和帮助以及广州百彤文化传播有限公司等单位的合作和支持。谨向在本书调查、编写和出版工作中付出辛勤劳动的单位和个人表示衷心的感谢。

本书是继《鹤山树木志》后，鹤山市政府及林业主管部门立项完成的第二部有关林业方面的书籍，充分表明了鹤山市林业主管部门对植物资源保护及生态林业建设的重视程度。我们衷心希望本书的出版，能为鹤山市植物资源保护和开发利用起到积极的作用，对促进农林业生产和可持续发展发挥重要作用。同时可为植物学工作者、林业工作者、环保工作者、科普与教学工作者提供参考。由于作者水平有限、时间仓促，错漏之处在所难免，恳请各位读者提出宝贵意见。

编著者

2016 年 8 月 19 日

序

在接到鹤山市林业局要我组织进行鹤山古树名木调查的工作时，我确实倍感压力。因为刚刚完成鹤山市木本植物资源调查工作，一并匆匆完成了《鹤山树木志》的编写工作，总觉得时间太少，还需要再添加点什么内容，在短短的两年时间，要完成调查并整理成文，确实会存在很多错漏，这是我对《鹤山树木志》一书编写的感慨。再次接受对鹤山市古树名木的调查，我确实也没有多大把握，鹤山在有文字记载以来的2000多年历史中，人类活动频繁，而且由于地处丘陵地区，开发利用比较方便，对资源的利用和破坏就更加严重，现存的植物资源本来就不多，有价值或者具有保护意义的古树资源就更加稀缺了。而且对于古树名木的调查，最难的还是在对树木年龄的准确鉴别方面，尚未有统一的标准，也缺乏现代的专业仪器设备。虽然在大量文献中也提出过很多方法，如应用最直接的访谈法进行简单的年龄估算，是最简单直接的方法；查询当地历史文献记载，对文献中古树的记录可直接视为树木真实年龄；也有比较精确的测量方法如生长锥采样，进行年轮准确鉴别；甚至采用先进的仪器如X光射线扫描、CT扫描仪等进行精确的测量；也有研究表明，可利用侧枝采样，通过对侧枝与主干之间相关关系，建立方程，进行推算计算出树龄等诸多方法可供借鉴（袁传武等，2012）。但具体到调查的每一株树，都不可能采用一种通用的方法进行实际树龄的推算。在调查实施过程中，我们开始也试图通过比较准确的生长锥采样方法进行树木年轮分析，准确界定古树树龄，但同样遇到较大困难。首先，鹤山现存古树中大部分为细叶榕，其约占总数的一半以上，在对榕树树龄鉴别上，最大困难是绝大部分古树都已不同程度地出现中空或者主干中间已经成为空洞，现存的主干都是由后来的气生根包裹形成的，真实的主干已不存在，其树龄更加难于辨别，所以准确的树龄界定是摆在我面前的一个最大难题。其次就是有关古树名木的书籍众多。有按省份、直辖市编写的，如《北京古树名木》《北京古树神韵》《上海的古树名木》《辽宁古树名木》《河北古树名木》《江苏古树名木》《河南古树名木》《山东古树名木》《云南古树名木》《陕西古树神韵》等；也有以市、县为单元编写的，如《张家口古树奇观》《鼓浪屿古树名木》《河南栾川古树名木》《南通古树名木》《交城珍稀古树》《丽江古树》《河南济源古树名木》《梅江古树》《淄博古树名木》《深圳特区古树名木》《邢台古树名木》《临安古树名木》《温州古树名木》等。但相关古树名木的书籍，大部分都集中在北方地区，在南方地区相关文献和书籍记载并不多见。而且大部分对古树名木的调查只注重对古树名木的介绍，都以树木景观图片、基本情况介绍为主，综合其他资料如联系地方人文历史和人类活动情况，结合古树资源并对古树名木保护及复壮技术等方面综合总结的著作并不多见，这可能是因为双方结合点较少，深层次发掘其中的资源确实不易。

对于地方性调查工作开展已久。据广东省林业厅公布的统计资料表明，截至2006年，广东省内现有古树名木共38 649株（群）。其中一级古树780株，约占2%；二级古树3 294株，约占8.5%；三级古树34 334株，占88.9%；名木217株，约占0.6%。其他为古树群。树种主要以热带、亚热带的科属种类为主，隶属于73科194属311种，主要以桑科、壳斗科、樟科和桃金娘科等树种为主。在鉴定的古树名木中，株数最多的前3个树种分别是细叶榕（*Ficus microcarpa*）、樟树（*Cinnamomum camphora*）和龙眼（*Dimocarpus longan*）。而此前的2002年广东古树名木普查时古树记录数量为23 179株，其中一级古树693株，二级古树2 387株，三级古树19 964株，名木135株。总数与2006年对比增加15 470株，可见之前调查存在很多漏查或者是没有涉及的地方（李爱英等，2004）。在本次调查区域鹤山所处的江门市境内，也早在2003年就进行过第一次古树名木普查，记录江门市区古树110棵(其中3棵为两种树木合抱而生)，分别隶属12科14属16种。16个树种均属乔木类，有细叶榕（*Ficus microcarpa*）、高山榕（*Ficus altissima*）、斜叶榕（*Ficus tinctoria* subsp. *gibbosa*）、木棉（*Bombax ceiba*）、人面子（*Dracontomelon duperreanum*）、鸭脚木（*Schefflera heptaphylla*）、白兰（*Michelia alba*）、秋枫（*Bischofia javanica*）、龙眼（*Dimocarpus longan*）、杧果（*Mangifera*

indica）、苹婆（*Sterculia monosperma*）、水翁（*Cleistocalyx operculatus*）、朴树（*Celtis sinensis*）、无患子（*Sapindus saponaria*）、鱼木（*Crateva religiosa*）和土沉香（*Aquilaria sinensis*），其中数量最多的为细叶榕有75株，占68%（陈霞等，2003）。2004年鹤山市也对本市古树名木进行过调查，登记在册的古树有53株，数量最多的也是细叶榕，有40株，占75%。鹤山的古树资源是否就只有这区区几十株？还是调查面不广所致？对于古树名木资源的调查工作远远没有结束。相隔10年之后，我们将进行一次更加深入，调查面更加广泛的调查。

由于调查面广，不仅排查的任务相当繁重，而且对于古树人文、历史信息的收集和挖掘，更是一件难事。所以在进行本次古树资源调查之前，我们查阅了鹤山市相关历史记载，其中主要以县级地方志为主线，查阅并从中了解一些历史、人文方面的记载，希望从中寻找一些线索或者是寻找古树方面的某些记载，将这些人文信息作为古树调查的附加资料进行收集。功夫不负有心人，其中《鹤山县志》（乾隆十九年）的手抄本，140页影印件也有有心人一一上传网络，我们在网上查阅了大量有关鹤山古树的记录，非常庆幸，在优酷网上，我们搜寻到一个叫“鹤视王子”拍摄的许多视频，内容包罗万象，丰富多彩。另外在“讲事讲物”的一栏节目中，有一位热心的鹤山电视台记者将拍摄的视频免费上传到网络，其中不乏记录在鹤山发现的一些有趣的植物、风情、人物或者是活动等，有一部分是关于鹤山人文、历史或者是古树走访的视频记录，通过这些资源，我也从中了解了一些鹤山古树的情况。从鹤山图书馆馆藏图书中，我们也发现一些本土热心人士挖掘或者收集出版的一些本土作品，其中也不乏有鹤山风俗人情和历史典故的记载，如《鹤山史话》《鹤山春秋》《鹤山客家史》等，对于我们深入分析和总结古树所蕴含的历史、文化内涵具有一定的参考借鉴作用。

对于南方古树中两种常见的种类细叶榕、樟树来说，在调查中如何比较准确、快捷的鉴定其年龄，是此次调查的难点，也是关键点。为了更好地进行古树年龄鉴定，我们也先后多次对记录比较清楚的广州沙面进行实地的考察。沙面位于广州市西南部，1859年(清咸丰九年)第二次鸦片战争后，英法两国强租沙面，开挖沙基涌，并垒石填土，使沙面与北部分离，成为四面环水的小岛，同时环岛及沿街种植香樟和细叶榕等。广州市对沙面古树进行过多次调查，目前现存古树118株，主要为樟树、细叶榕和大叶榕（毕耀威等，1999）。因为其建设历史比较清楚，记录比较全面，古树也比较集中，而且所处的环境与鹤山的大部分地方有相似之处，所以可供我们参考。元代以前，鹤山市沙坪镇从玉桥直至雅瑶一带，均受西江水系的影响，江水一涨则全部淹没，特别是鹤山古劳丽水到沙坪杰洲等濒临西江一线，在没有筑围之前，是西江的冲积滩土，如古劳围，为明洪武年间（1368～1398年）大修水利时所修筑的（徐晓星，1993）。所以无论是生境、建设历史等诸多方面，鹤山很多地方与沙面开发利用状况有一些相似之处，在时间上也相差不大。通过调查了解广州沙面的古树现状，寻找对该区域古树年龄辨别的基本方法和判别标准，并以此为参考在古树调查时对其大致年龄进行基本界定。根据古树不同种类的生长特性、树皮特征、根部树瘤等外部特征，以及结合其生长环境，同时，我们也尽量利用现场调查所了解的一些历史、人文资料，进行多点访问。每株树完成调查测量之后，一定要采访当地的老人，通过当地老人的一些描述，结合相关资料初步界定古树的大致年龄。每天调查结束后，对当天的调查情况进行汇总，并以调查日记的形式，记录下整个调查过程。特别是对每株古树调查中采访当地居民，尤其是与当地老人的谈话记录，根据他们所描述的故事或者对古树年龄的一些说法，为后面资料整理提供参考。

其实关于古树名木，在此之前我也鲜有涉及，也没有留下什么特别深刻的印象。通过此次调查，首先我对大家所熟悉的榕树有了一个比较全面和深刻的认识。榕树，对于南方人来说实在是太常见、太普通了，它和我们日常生活息息相关，但其蕴含了大量的人文或者是历史信息，意义就远非一棵树那么简单了。比较典型的应属新会市天马河的

鹤山西江江畔

古榕树，其位于广东新会市郊天马河中，是一株枝叶婆娑、根茎相连的巨大古榕树，树荫覆盖面积达 1 万多 m^2。记得小时候我们都大声朗诵过：“我们的船渐渐逼近榕树了，我有机会看清它的真面目。真是一株大树，枝干的数目不可计数。枝上又生根，有许多根直垂到地上，伸进泥土里。一部分树枝垂到水面，从远处看，就像一株大树卧在水面。榕树正在茂盛的时期，好像要把它的全部生命力展示给我们看。那么多的绿叶，一簇堆在另一簇上面，不留一点缝隙。那翠绿的颜色，明亮地照耀着我们的眼睛，似乎每一片绿叶上都有一个新的生命在颤动。这美丽的南国的树啊！”这是我们小学四年级时读到的《鸟的天堂》中的一段，是我国著名作家巴金到此游览，写下的一篇散文。“小鸟天堂”的主体实际上是一棵长于明末清初的榕树，榕树的树枝垂到地上，扎入土中，成为新的树干，随着时间的推移，大榕树独木成林，林中栖息着成千上万只鸟雀，鸟树相依 500 多年，是自然界和谐相处的典范，在小学四年级课本中作为范文，影响了数亿人。“小鸟天堂”也因此成为著名的景点，每年参观人数达 30 万人次。就是这棵榕树，因 40 年前文学家巴金所写《鸟的天堂》而闻名于世。有关榕树，中央电视台国际频道 2013 年拍摄的纪录片《中国古树》中，也曾三次拍摄了南方的古榕树，包括广东省新会市的“小鸟天堂”、福建省漳州市云水谣的大榕树、香港大埔区林村的许愿树，这在其他树种中是绝无仅有的，它们无不具有传奇的色彩，它们包含了多少人生苦难，它们诉说了许多生动的传说。榕树是南方人心中最有灵气的神树，正如电影《云水谣》中所述：村口矗立的大榕树，给人们留下难于磨灭的家乡印记，是人们精神的记忆和符号，以及那些难于割舍的家乡的记忆。所以，古榕树充满着灵气，是一段段历史的承载者。

鹤山市沙坪镇坡山南门村村口古榕树（约 150 年）

从古至今，南方人在村口往往都种有几株榕树，这是村庄的象征，故有如榕树头、榕树下等以榕为名的村庄。

对于鹤山古树名木资源的调查，也许只是一个开始，如能促进古树名木的保护和利用，才是出版此书的初衷。对于调查中发现的一些负面的因素，如古树资源的破坏和偷盗现象，希望本书能给予一些启示。特别要说的一点，由于经济利益的驱动，社会上出现的一些买卖古树现象，其实对于古树的移植，难度非常大，不仅成活率非常低，后期管护成本也非常高。更为关键的是古树之所以能成为古树，因为其承载的是一段历史，移作他地或者作为他用，已经失去了其存在于此的意义，也只能是一株树而已。而且对于一些树木的炒作，也是部分古树被偷挖的原因之一，如发生在鹤山市宅梧镇的一株百年土沉香在几年前被偷挖砍伐的现象，实在可惜。其实，土沉香在本地区分布非常广泛，鹤山境内自然分布较多，在鹤山的后山风水林或者是村边林内，基本都能发现其踪迹，甚至在干扰比较严重的小山头，也不难发现其存在。而且其真正有价值的也并不是沉香的木材，而是由于该树种在干扰损伤后，分泌的树液与真菌共同作用形成的沉香（所谓的结香），是一种混合了油脂（树脂）成分和木质成分的固态凝聚物。而没有结香的木材本身并无特殊的香味，而且木质较为松软，并没有特别大的利用价值。借本书的出版，给予爱护树木的“木友们”一些小小的启示！

林永标

2016 年 10 月 24 日于华南植物园

目录

鹤山市桃源镇仁和村古樟树（120 年）

第一章 古树名木调查研究概述

第一节 古树名木调查的目的和意义

一、 古树名木的范畴及其界定标准

古树名木是指在人类历史发展过程中保存下来的，年代久远或者是具有重要科研、历史、文化价值的树木。其中，古树是指树龄在100年以上的树木；名木是指在历史上或社会上有重大影响的中外历代名人、领袖人物所种植或者具有极其重要的历史、文化价值、纪念意义的树木。成片生长的大面积古树，则划定为“古树群”。这是目前通用的对于古树名木界定的基本定义。

由于古树名木生存地点不一，有的生长在城市的古建筑、历史名胜地、古迹、公园甚至是民居中，也有保存在旅游风景名胜区、寺庙、自然保护区内，甚至分散在乡村郊野等人迹罕至的地方。由于生长地点的归属管理不同，造成对古树名木的行政管理部门也不尽相同。我国对古树名木实施管理与保护的行政主管部门主要包括原建设部、原国家环保总局及国家林业局等，其中原建设部主要对城市规划区域和风景名胜区内的古树名木实施保护管理。原国家环保总局主要针对自然保护区内的古树名木进行管理和保护。国家林业局作为国家林业行政主管部门，对全国范围内的古树名木具有全面管理和保护权。

由于国家不同行业主管部门各司其职，并对各自管辖区域的古树名木进行管理，由此也造成了不同行业部门对于古树名木的界定和分级标准也有所不同的现象。1982年，当时的国家城建总局规定，古树一般指树龄在百年以上的大树；名木是指树种稀有、名贵或具有历史价值和纪念意义的树木。1992年国务院发布《中华人民共和国城市绿化条例》（中华人民共和国国务院100号令），规定百年以上树龄的树木，稀有、珍贵树木，具有历史价值或者重要纪念意义的树木，均属古树名木。规定对城市古树名木实行统一管理，分别养护，并且明确了各级政府城市绿化行政主管部门为古树名木管理的主体。2000年9月由原建设部印发的《城市古树名木保护管理办法》（建城[2000]192号文），将古树名木分为一级和二级，其中一级古树名木标准为树龄在300年以上，或者是特别珍贵稀有，或具有重要历史价值和纪念意义，或者具有重要科研价值；其余为二级古树名木，并且明确规定由国务院建设行政主管部门负责全国城市古树名木保护管理工作。2007年由全国绿化委员会制定的《全国古树名木普查建档技术规定》，将古树分为国家一、二、三级，其中国家一级古树为树龄500年以上，国家二级古树树龄300～499年，国家三级古树树龄100～299年。国家级名木不受年龄限制，也不分级（田利颖等，2010）。全国绿化委员会对古树名木建档技术规定的发布，成为了全国林业行政主管部门、林业科研机构等进行古树名木调查的技术标准。而在《中国农业百科全书》中对古树名木的界定则为：树龄在百年以上的大树，具有历史、文化、科学或社会意义的木本植物。国家环保总局对古树名木的分级标准为：一般树龄在百年以上的大树即为古树；而那些树种稀有、名贵或具有历史价值、纪念意义的树木则可称为名木，并相应作出了更为明确具体的说明，如距地面1.2 m处的胸径在60 cm以上的柏树类、白皮松、七叶树，胸径在70 cm以上的油松，胸径在100 cm以上的银杏、国槐、楸树、榆树等，且树龄在300年以上的，定为一级古树；若胸径分别对应在30 cm以上、40 cm以上和50 cm以上，树龄在100年以上300年以下的，定为二级古树。稀有名贵树木指树龄20年以上或胸径在25 cm以上的各类珍稀引进树种；外国朋友赠送的礼品树、友谊树，有纪念意义和具有科研价值的树木，不限规格一律保护。其中国家元首亲自种植的定为一级保护，其他定为二级保护。其主要从环境保护的角度，结合树种生长特性从基本的胸径特征进行了一些界定，使古树名木调查更加方便快捷。

虽然我国不同行业对古树名木的界定有自己制定的一系列分类标准，但目前大部分地方对古树名木的调查，其执行标准主要依据2007年全国绿化委员会制定的《全国古树名木普查建档技术规定》。而且一些地方也根据区域的

特点以及结合当地实际情况，相应提出了一些具有地方特色的执行标准或者是实施细则。如广州市园林科学研究所对广州古树定义为树龄在 100 年以上，树木胸径 (直径) 100 cm 以上的树木为古树；名木为品种稀有珍贵或名人栽种的具有纪念价值的大树（毕耀威等，1999）。而北京市园林绿化局在对北京城市园林绿化区域内的古树进行普查时，参照了国家环保总局的标准，并且结合北京市的具体情况，将古树的年龄按树木胸径进行分类，如柏类胸径在 30 cm（含）以上为二级古树，胸径在 60 cm（含）以上为一级古树；松类胸径在 40 cm（含）以上为二级古树，胸径在 70 cm（含）以上为一级古树；银杏、栾树、元宝枫、柿树、黄连木、丁香类等胸径在 50 cm（含）以上为二级古树，胸径在 100 cm（含）以上为一级古树；国槐、龙爪槐、蝴蝶槐、白蜡类、水杉、核桃、桑、构树、榆等胸径在 60 cm（含）以上为二级古树，胸径在 100 cm（含）以上为一级古树（杨静怡等，2010）。湖北省林业厅也参照这种标准，发布了湖北省古树名木鉴定标准和鉴定程序，并且分树种发布了湖北省常见古树调查分级参考表，如湿地松、水杉等胸径在 95 cm（含）以上为一级古树，马尾松、银杏、枫香等胸径在 90 cm（含）以上为一级古树，皂荚、苦楝、构树等胸径在 80 cm（含）以上为一级古树，栾树、麻栎、榆树、桑树等胸径在 70 cm（含）以上为一级古树，白玉兰、梧桐等胸径在 65 cm（含）以上为一级古树。这些省市所制定的针对本区域古树名木调查的简单、易行的方法，可为其他相邻区域进行古树名木调查提供借鉴。

二、古树名木调查的意义

古树名木由于保存年代久远，其中蕴含着大量历史、人文等信息，已经成为一种历史或者是文化的载体，赋予了更多更深层次的内涵。我们对这些古树名木进行调查，就如同考古学家对文物的挖掘一样，通过调查考察这些古树，可以从中挖掘蕴藏在古树背后的历史文化价值，一棵古树就是一个活的文物。对古树名木的调查研究除植物学意义外，更大的价值还是挖掘其中蕴含的历史价值、人文价值、科学价值、生态价值等。概括起来，开展古树名木的调查和研究，其重要意义主要体现在如下几个方面。

（一）具有重大的历史价值，是一部活的史书

调查和挖掘古树资源，就如同发掘一段历史，将历史故事和现存的古树联系在一起，以古树为生活的载体，使蕴藏在古树背后的历史故事更加生动，而且更容易被人理解和传承，所以调查研究古树更多的是挖掘其中蕴含的历史价值。

古树历经百年而不衰，是大自然和人类历史发展过程的见证者。我国的古树名木不仅在地域上分布广阔，而且在时空上跨朝历代，经历了上下几十年的风雨沧桑，能幸存至今，其本身就是一段同大自然严酷斗争的生活史，再与一些现实的历史事件相结合，所承载的内容将史为丰富。例如传说中的周柏、秦松、汉槐、隋梅、唐杏（银杏）、宋柳都是树龄高达千年以上的树中寿星。在我国著名的古树中有树龄达 5 000 多年的陕西黄陵轩辕庙内的轩辕柏，相传为轩辕黄帝亲手种植的；山东莒县浮莱山上 3 000 多年树龄的“银杏王”；台湾阿里山的“亚洲树王”，树龄达 2 700 多年的“神木”红桧；西藏林芝树龄 2 600 多年的巨柏等。它们不仅反映了我国悠久的历史和灿烂的文化，而且许多古树还与重要的历史事件相关联，已经和当时的政情人事紧紧融合在一起。如北京景山的国槐（原树已死亡）相传明崇祯皇帝自缢于此，成为我国古代农民起义创造历史的见证；北京颐和园东闾门内的两排古柏，在靠近建筑物的一面仍然保留着火烧的痕迹，那是八国联军侵华罪行的真实记录（胡坚强等，2004）。古树名木是大自然留给我们的珍贵遗产，经历了各个朝代的更替，见证了人类的悲欢，记录着世事的沧桑，以古树名木为载体借以撰写相关说明，有助于挖掘、保存以及普及历史知识，其早已超越了古树本身，成为了一段历史的载体。南京有著名的“六朝松”，相传由南北朝时期梁武帝亲手栽种，隋军灭陈国之后将南朝所建的宫苑全部烧毁，但此株桧柏却幸免于难，后来又遭受了太平天国农民起义、残酷的抗日战争等多次战乱兵灾，保存至今，故誉为“六朝松”，被认为是南京文脉流传千年、历经战乱而生生不息的象征，其富于了太多太多的历史意义，承载了极其丰富的历史文化内涵，绝非植物分类学上的柏科刺柏属常绿乔木这么简单，而是早已超越了树木本身，成为了一棵活的史书。

（二）蕴含较高的文化价值

古树是一个活的古文化基因库，也是地方人文历史的载体，在人们心中具有不可替代的作用，可称之为一种“树文化”或者是一种精神文化的象征。

首先古树名木是一种文化素材，可为文化艺术增添光彩，是历代文人咏诗作画的题材，往往也伴随有一段美丽动人的传说和奇妙的故事。我国十大名山之一的黄山，其中的四绝之一奇松——黄山松，是中国山水画之绝妙素材，上至庄严的人民大会堂，下至车站码头，随处可见它的身影，就连宾馆的屏风，庭院的墙壁，也有迎客松的英姿，黄山

松已经成为中国与世界人民和平友谊的象征，北京人民大会堂安徽厅陈列的巨幅铁画《迎客松》，就是根据它的原形所制作的。以黄山松为体裁的文章、诗歌、绘画也数不胜数，有诗赞曰：“奇松傲立玉屏前，阅尽沧桑色更鲜。双臂垂迎天下客，包容四海寿千年。”以黄山松为代表的迎客松早已蜚声中外，成为中华民族热情好客的象征。

其次古树名木也是中华民族根祖文化的一个载体。“问我祖先在何处？山西洪洞大槐树。祖先故居叫什么？大槐树下老鹳窝。”这首民谣在我国北方地区祖辈相传，妇孺皆知。这就是以大槐树为载体的中华民族移民文化的最好象征，被称为“大槐树文化”。大槐树下，是古代移民办理迁移手续，领取“凭照川资”的地方，也是出发前集中之地。据说动身一般是在秋收后，移民拖儿带女上路，故土难舍，忍不住频频回首，再看一眼故乡。路远了，村舍看不见了，映入眼帘的唯有那棵巍峨的大槐树和错落在树上的一个个老鹳窝。于是，这大槐树和老鹳窝便成为故乡的标志，是人们对祖居地的一种记忆，直到演化成为对故乡和祖先的怀念之情。

在南方，人们都喜欢在村口种上几株榕树，作为村庄的标志树和风水树，不仅可以世世代代为人们提供庇护（图1-1），而且榕树下也是村民聚会议事、休闲娱乐的理想场所。首先，由于榕树寿命长、树身粗、树冠大、典型的须根（气生根），

图 1–1　鹤山市址山镇四九大康村的古榕树（138 年）

犹如村中的老人般世世代代守护着村庄，深受人民的喜爱，所以榕树成为南方现存古树中数量最多，分布最广的树种。另外，“榕”通“容”，也有包容大度，和谐相处之意，其中也许反映了南方人的一些文化特征。其次，由于树冠巨大浓郁，能遮风挡雨，是人们憩息、议事、娱乐的理想场所，可谓“大树底下好乘凉”，因此南方地名中常见有如榕树村、榕树头、榕树下等以榕树直接命名的村庄，村中的大榕树已经成为一个村的标志，代表的是一种和谐相处。由于材质较差，容于刀斧，1600 年前嵇含在《南方草木状》所指出的，榕树“以其不材，故能久而无伤”。再次是再生能力较强，容于风雨（林仰三等，1988）。此外还有保存比较多的树种如樟树则代表着吉祥（图1-2、图1-3），荔枝、龙眼等为南方优良的果树品种，深受人民的喜爱。

我们在进行鹤山古树调查时，关注并收集了鹤山市的人文历史、风土人情等方面的口头或者文字记录，包括鹤山人的来源、迁移历史、鹤山历史文化及人文地理等相关信息。以鹤山为代表的五邑地区，据相关记载其居民大部分自南雄珠玑巷南迁以来，并与当地族群一起，创造了灿烂的广府文化，作为广府地区的区域文化之一，五邑文化不仅具有广府文化的共同点，而且还保留一些地方的特色。同时鹤山也是我国著名的侨乡，相传五邑人出洋史可追溯到唐代，唐僖宗乾符六年（879 年），当时已有新会人随阿拉伯商人前往印度尼西亚苏门答腊。自此之后，一批又一批的五邑人陆续漂洋过海到海外谋生，与潮汕和闽南地区并称为中国的三大侨乡。与鹤山相邻的开平市，有被列为世界文化遗产的开平碉楼及其古村落就是极具代表性的侨乡文化的真实写照。据统计，鹤山境内现存有大小碉楼 100 多座，其中最具代表性的就是与开平仅一溪之隔的址山镇龙湾村，该村于 20 世纪 20 年代先后建造了大小碉楼近 20 座，现尚存 10 座。其代表的是一种中西文化的交流和融合，具有鲜明的地方特色。

在对鹤山古树的调查采访中，我们也发现了一些植物种类的引种种植可能与当地华侨活动有关。如在址山镇昆

图 1-2 鹤山市双合镇永乐村的古樟树（360 年）

图 1-3 鹤山市宅梧镇下沙华村碉楼及古樟树（120 年）

阳管区树下村发现的 3 株见血封喉，按自然分布是热带雨林中常见的种类，在我国海南、广东雷州半岛等区域分布较多，在鹤山所处的亚热带区域应该不是其自然分布区域，我们在鹤山市境内调查野生植物资源时，也未发现其他地方有该种类的分布或者有引种种植的历史。更重要的是其植于房前屋后，有明显的引种栽培的特征，据此推测可能与当地早期华侨引入有关。调查雅瑶清溪村飞鼠冈的格木林，相传也是由当地华侨从南洋引入种子，在村后山种植成林保存至今，估计已经有上百年历史，并且以此繁衍后代，据记载最多时有 40 多株，面积约 2 hm^2（鹤山县志编纂委员会，2001），成为本地区独具特色的格木林古树群。

鹤城镇五星管区大坪村的米槠古树群（图 1-4），虽然现存百年以上的古树已经不多，大部分都是砍伐后重新萌发的。但据《鹤山县志》记载，为清朝雍正年间大坪村建村时所植，距今已有 200 多年，面积达 3.3 hm^2，以红稚（经鉴定为米槠）为主，间有白梅、车辏木和本地稀有的楠木（鹤山县志编纂委员会，2001），目前仍保留有一片以米槠纯林为主的植物群落，具有明显的引种种植的特征，是当年客家人移居本地的历史见证。据乾隆版《鹤山县志》中罗绍伦著《十七村记略》文中所述：康熙三十九年（1700 年），大埔谢、黄、张、余、马、缪等姓迁到鸡仔地开村，所述时间与大坪村建村的时间差不多（徐晓星，1993）。另外，值得考究的是，昔日的鹤山在我国茶叶种植、加工、贸易中占有重要的地位，是近代中国茶叶种植、加工和出口都较早，规模较大、影响力也比较大的地区之一。据相关记载，鹤山种茶始于宋代，盛于清代，先在古劳丽水，一直有记载种茶的历史（徐晓星，1993）。至今仍保留本土茶叶品种“古劳银针”。但我们寻访多时，均未发现有古茶树的踪迹。这可能与鹤山丘陵地貌为主容易开发，人类活动干扰较频繁有关。而茶叶种植主要以垦荒种植为主，而且每年采摘数次，栽培管理等人为措施较多，加上品种更新等诸多因素，所以能保存至今的古茶树资源并没有在调查中发现，这可以说是这次古树记载中比较遗憾的事情。

（三）具有重要的科研价值

图 1-4　鹤山市鹤城镇大坪村米槠林（200 多年）

古树既是一部自然科学史书，也是树木繁育的优良种质基因库。对于生物学家来说，一棵古树就是一个活的基因库。经历过大自然的无数次劫掠而生存下来的古树，有重要的生物学价值。其具有无以比拟的抗性，是最优秀的物种生物基因库，是培育新品种的重要基因来源。在引种繁育中，古树可作为参照系，或直接作为研究材料，挖掘其中优良的长寿基因，长期受逆境影响而形成的抗性基因如抗寒、抗旱、耐水湿、抗病虫害等。随着科学技术的不断进步，通过实验参照物的测序比对，对这些古树中与长寿相关的分子机制、功能基因组信息以及相关基因片段的提取成为现实。经受各种极端生态因素和人为活动的影响，有较强的适应性和抗逆性的古树，成为优良的种质资源库，可为良种选育提供繁育材料和优良基因。

同时古树名木也是研究自然史、林业史、园林史的珍贵实物，是乡土风景资源的典型代表，反映了一定地域的历史、文明及自然条件和社会环境的变迁，是研究探索地域植物区系分布、发生、发展及其起源和演化的重要实物，也是考察古代气候、地质、水文、历史、地理等各种人类活动的重要佐证，是研究古代林业发展史和园林史的珍贵绿色文物，具有较高的科研价值。

此外，树木年轮是树木在生长过程中记载自己年龄的一种独特方式，也是树木科学价值的最好记录者。树木树干的形成层每年生长活动，形成早材和晚材，每一个年轮的宽度包括当年的早材和晚材，多数温带树种一年形成一个年轮，因此年轮的数目就表示树龄的多少，可准确鉴定树木年龄。同时树木年轮又是一本记录气候变化的“历史书”，年轮的宽窄与相应生长年份的气候条件密切相关，在干旱年份树木生长缓慢，年轮就窄；在湿润年份年轮就宽。同一气候区内同种树木的不同个体，在同一时期内年轮的宽窄变化规律是一致的。树木年轮不仅记录着自己的年龄，它也是周围环境的记录者，古树复杂的年轮结构蕴含的如气候变迁、大气特征、水文特性、环境变化及植被变迁等诸多历史和自然信息，通过现代科学手段和方法，可以还原历史上各种气候变化、大气环境特征、水分特征等，是人类研究历史、提示自然现象必不可少的素材和活化石。树木在年轮中通过其宽度、密度、亮度及同位素等变化记录了过去气候和环境变化的信息，对这些信息的研究，不仅可以揭示过去气候变化，还可反映和还原生态系统的变化情况（侯爱敏等，1999）。而且还可以通过同位素技术，研究树轮木质部 C、H、O 稳定可测的同位素比值，探索气温、降水、湿度等气候和环境因子的变化，可以提供气候和环境变化的丰富信息。此外，科学家还利用树轮灰度、树轮细胞形态、树轮化学元素含量等提取更为丰富的环境信息，重建过去的历史事件，包括水文特征变化如河流的径流量变化、极端水文事件、冰川进退、湖泊水位变化等等；森林生态系统变化如森林演替和更新、林木生长量和植被覆盖变化等等；重建二氧化碳浓度变化、还原环境变化（污染）的历史特别是大气污染历史，森林火灾及其火历史、病虫害危害，地震、海啸等灾害，太阳活动、陨石撞击等（侯爱敏等，1999；王晓春等，2009；方克艳等，2014）。通过科学方法提取记录在树轮内部的复杂的环境信息，从而为气候变化及人类活动干扰等方面的研究提供更多科学依据。

（四）具有较强的生态价值

古树具有较强的生态价值，高大广阔的树冠为人类提供庇护，常被人们赋予“神树”，成为人们膜拜的对象。南方现存数量最多的古树——榕树，其分布最为广泛。尽管榕树枝干粗壮，但用作柴火而火不旺，人们一般也不拿它来盖房、做家具，它似乎“无所用”，但正是“无所用”的特性，使其能够“不容于斤斧”，从而生生不息，能够在历史长河中得以幸存。但它用自己浓密的枝叶，给人们营造出一处处清凉，而这恰恰契合了古人“无为而无不为“的思想。 榕树生命力强、遮阴效果好、抗风能力强，其顽强的生命力，致使人们把榕树当成是一种“神树”或是“风水树”，人为赋予榕树的这种特性让人们不知不觉地尊崇它，从而潜意识里对其进行有效的保护。 同其他树种相比，榕树的根能伸得更深、更长，可以有效地吸取水分、养分。榕树还有大量的气生根也可以从空气中吸取水分，吸纳着天地之精华的榕树才能愈发茁壮，最终长成参天古树。在调查中我们也发现，无论古今，鹤山大部分村庄的村口都或多或少种植有榕树（图 1-5）。以其最简单、直接的方式为人们遮风挡雨，体现其价值。

（五）具有无可估量的经济价值

古树名木具有较高的经济价值，特别是景观价值和旅游价值，已经成为众多旅游景区的代表，在许多名胜古迹中成为主要佳景。古树具有奇、古、名、雅的审美价值和旅游观赏价值。如安徽黄山，人们无不以其苍劲有力的黄山松所折服，并且由此衍生出迎客松、望客松、送客松、探海松、蒲团松、黑虎松、卧龙松、麒麟松、连理松等黄山十大名松，这些都是以树为景的典型代表。我国很多旅游景点也都以具有一些独具特色的古树而称奇，加入了这些古树所蕴含的历史、文化元素，可进一步提高旅游景点的文化、历史内涵（图 1-6）。

2006 年拍摄的一部电影——《云水谣》，讲述了一段海峡两岸美丽动人的爱情故事，是以福建省漳州市南靖县云水谣为原型拍摄的。电影中悠长古道、无处不在的百年老榕、神奇土楼，无不给人以超然的感觉。其中的古榕树，不仅讲述了一段美丽的传说和悲欢离合的动人故事，更是一对夫妻坚贞爱情的象征，也是男人外出谋生时永远铭记的家乡印记。大榕树代表的是故乡，寄托的是他乡游子的记忆，以及人们心中难于割舍的乡愁。通过电影《云水谣》，昔日闽西北山区偏僻的小山村，如今已成为一个旅游热点。

另外，有些古树本身就是有几百年栽培种植历史的果树品种（图 1-7）。如我国南方特色的果树荔枝、龙眼、杧果等。这些果树的古树资源，经历几百年的风风雨雨，其抗性基因如抗逆性、抗病虫害能力、抗旱水平等，都比现在品种要强，可作为杂交育种的亲本。如在广东省高州市分界镇储良村，现存有储良龙眼的母树一株，树龄 100 多年，但长势良好，据说是广东所有储良龙眼的母树，据不完全统计，全国约 5000 万株的储良龙眼都是由这株母树及其嫁接的后代繁育产生。与鹤山接壤的广东省新兴县，有广东最古老的一株千年古荔枝，据传是佛祖六祖惠能于 713 年回到故乡新兴国恩寺时亲手栽种的。荔枝树高 18.2 m，胸围 3.72 m，树冠投影面积 126 m^2，树龄有 1300 多年。现还枝繁叶茂，年年开花结果，年产荔枝约 50 kg。相传在鹤山市双合镇双桥东园村，有一株香荔就是国恩寺的古荔枝树繁育的后代，至今已有 250 多年，也一度成为鹤山荔枝品牌——东园香荔。但由于疏于管护，目前已经枯死了。

图 1-5　鹤山市沙坪镇楼冲中社村古榕树（130 年）

图 1-6　鹤山市古劳镇梁赞故居樟树和黄皮树

樟树是重要的经济植物和园林植物，也是南方古树中现存数量较多的种类，古樟树能提供大量种子资源，可用于育苗、工业或药用（图 1-8）。我们在调查鹤山市共和镇大凹村 500 多年的樟树时，在其周边十几米的范围内就有多株树龄超百年的古樟树，周边山地 70 ～ 100 年的樟树也有十几株，应该都是该株树散落种子所繁育的后代。鹤山市宅梧镇靖村有一棵水松，有“植物活化石”之称，是国家一级保护植物，让村民引以为豪。虽然经过 300 多年的风吹雨打，却巍然挺立，枝繁叶茂，富有极强生命力。现在，老水松已经成为该村一景，每年都吸引不少人前来观赏。

图 1–7　鹤山市沙坪镇楼冲上秦村龙眼（200 年）

总的来说，古树是不可替代性自然资源，其早已超越古树作为树木本身，已成为一种历史、文化、人文等的载体，其所蕴藏在古树身后的重要经济、社会价值是无可替代的，所以古树资源又同时具有如下几个重要特性。

（1）**多元价值性**。古树名木是多种价值的复合体。古树不仅具有一般树木所具有的经济价值、生态价值，而且是研究当地自然历史变迁的重要材料，有的则具有重要的旅游价值，是不可估量的自然资产。对古树名木的调查，就是挖掘其所蕴藏的多元价值。

（2）**不可再生性**。古树名木具有不可再生性，一旦死亡就无法以其他植物来弥补和替代，所以保护一棵古树，是对一种多元价值的保护和传承。调查和研究古树名木，其最终的目的也是保护这些不可再生的资源。如现实中存在的一些采挖移植古树的现象，其实就是破坏了这种不可再生性。

（3）**特定时机性**。古树形成的时间较长（至少需要 100 年），植树者或当事人在有生之年，通常无法等到自己所种植的树或见证一株树变成古树，而名木的产生也有一定的机遇性，故无论是古树，还是名木，都不可能在短期内大量生产，具有特定的时机性。

（4）**动态性**。古树的动态性体现在，一方面，随着树龄的增加，一些古树很可能因树势衰弱、人为因素损毁导致死亡而不复存在；另一方面，一些老树随着时间推移则会成为新的古树（刘海桑，2013）。所以对古树名木的调查也需要根据各个地方的特点，实行动态调查，并适时补充和调整。

总的来说，调查研究各个地方的古树名木资源，摸清该地区古树名木资源总量、种类、分布状况、地理信息等，并且了解它们的生存环境及生长状况，分析当地自然和非自然因素对古树生长的影响等，提出古树名木管护中的经验和存在的问题，揭示古树濒危死亡的原因，为古树名木的保护和利用提供科学依据，也为科学制定古树名木保护措施提供基础资料。同时通过调查和挖掘蕴含在这些古树中的历史典故、人文信息等，又有利于促进对古树名木的保护和利用。

图 1-8　鹤山市龙口镇霄南古樟树（120 年）

第二节　古树名木的调查方法

我国对于古树名木调查、研究工作虽然起步较晚，但已经有大量有关古树资源调查、养护管理、复壮等方面的研究报道，但目前的文献大部分集中在探讨古树名木保护的意义和衰老死亡的原因，以及对古树名木划分、保护、复壮技术和开发利用等方面 。而对于古树名木调查方法的探讨，一直以来都是古树名木调查研究的薄弱环节，这在一定程度上制约了我们对古树名木的研究和管理，加上传统的古树名木调查关键数据不够准确、详细，缺少地理资源等信息数据。更多的调查目前仅局限于对树种的调查，很少有结合古树名木的历史、人文等信息进行综合调查、分析的案例。从这个角度上说，对于古树名木调查方法的探讨也是十分必要的，而调查中最为重要，也是最难的一点就是对古树名木年龄的准确界定上。

一、古树名木调查中树木年龄的界定问题

古树年龄是决定能否纳入古树调查范围以及判别古树等级的唯一标准。在进行古树名木调查时最大的难题，也是最急需解决的瓶颈问题就是如何准确鉴定树龄。但同时对于古树实际年龄的鉴定也是一个非常棘手的技术难题，目前国际上流行的古树年龄测定方法主要有三种：①传统的生长锥法，根据树木年轮测定树龄，由于其具有一定的破坏性，采样导致对古树带来损伤等，一般不常采用。② CT 扫描法，但 CT 对古树生长也有影响，而且设备贵，测定成本高。③ ^{14}C 测定法，需要专业的仪器在古树上取样，而且误差在 20 年以上（袁传武等，2012）。这三种测定方法也都各有利弊，直接测定的生长锥法，虽然可以比较准确确定树木年龄，但对于大部分古树出现的中空现象，适用性并不强。现代的 CT 扫描法、^{14}C 测定法不仅设备贵，技术难度高以及实际操作难度大等，而且实际测量误差也较大，因此在进行古树年龄鉴定时，多数依据调查人员的实践经验来确定。综合起来主要测定方法有如下几种。

（一）　通过树木年轮直接测定

树木年轮是一种最精确、最直接测定树木年龄的方法，可以精确到年，甚至到某个季节，传统的树龄鉴定方法一般都通过直接测定树木年轮来准确测定。而且采样方法也比较简单，容易操作。采用树木生长锥采集树木树蕊样品，通常呈十字形采样，每株采取 2 个样品，对采集的样品进行晾干、固定、打磨，经过由粗到细多次打磨，直到打磨出清晰的年轮界线为止，用交叉定年法确定树木年龄或者是直接用仪器测量树木年轮。这种方法对生长期短，能够钻取到完整心材的树木，如 100 年以内的树木，且树干良好，没有腐烂中空等，才能得到比较准确的鉴定结果。但由于具有一定的破坏性，特别是对资源稀缺的古树并不适合。而且取样完成后，后期需要经过固定、打磨等繁杂处理，需要花费大量人力、物力，所需的后期样品处理时间也较长，往往完成一株树木树龄鉴定需要几天甚至几周时间，不适合大规模古树名木调查的样品鉴定。而且也有人提出热带地区树木没有明显的生长季节变化，年轮不明显，不能以年轮定年的一些观点（覃勇荣等，2007），更重要的是采样时会对古树名木造成一定的伤害。为减少生长锥采样对树木主干造成的伤害，有相关的研究可通过分析不同生长条件下树干与侧枝年龄之间的关系、树龄与胸径之间的关系，并建立回归模型来估测树龄，建立了侧枝年轮鉴定法。其基本原理是根据古树一级、二级及以上级别侧枝的年轮数，结合各侧枝年龄与树干高度、侧枝长度等相关信息，建立相关数学回归模型，通过计算得知古树年龄（巢阳等，2005；李霞等，2006）。侧枝年轮鉴定法虽然减少了对树木造成的影响，但同样具有一定的局限性，主要适用于有原生侧枝且侧枝生长粗壮、良好，能够取得髓心样品的古树。这种方法对于保存相对比较完整，没有中空的古树具有一定的适用性，但对于南方古树（以榕树、樟树为主）来说，大部分出现中空或者是腐烂现象，而且究竟是几级分枝都难于鉴别的树木来说，适用性并不大，准确性也不高。这种方法需要的样本数量也较大，通常要多于 30 份样本数量，分析采样强度较大。大量应用于古树调查中树龄鉴定的可操作性也不大。

（二）利用现代仪器设备直接测定

随着现代科技的发展，一些应用于测定树木结构的仪器如树木针测仪也应用于古树的年龄鉴定中。这种树木针

测仪是指通过电脑控制的，带有电子传感器或者是记录仪的钻刺针，刺针穿入木材内部，通过测针测量树木的钻入阻抗系数，其中阻力大小和进入深度直接相关。测量数据可以下载到电脑上，利用软件分析鉴定出树木的实际年龄（袁传武等，2012）。它是目前国际上常用的木材和树木无损检测仪器，可以快速、无损检测木材密度、树木年轮，广泛地应用在林学和生态学研究中。树木针测仪是根据阻抗曲线来判断木材内部具体部位的早晚材密度、坚硬度、年轮密度等情况，为判断木材内部腐朽、虫蛀、白蚁危害程度提供可靠的数据，其主要是应用于活立木或木质结构建筑的木材检测，是为判别木材结构、密度或者是木材质量而设的，并不是针对树木年龄的测定而设计的，其测定数据只能作为参考，不能完全应用于古树树龄测定。但运用于古树调查中进行树木健康状况的判断，为古树保护、利用提供科学依据，能起到非常重要的作用。其他现代设备如 CT 扫描法、^{14}C 测定法都存在分析仪器设备更加昂贵、应用起来具有较大局限性等诸多缺点，都难于在实际调查中得到大量应用。

（三）查阅历史、人文史料进行鉴定

查阅历史、人文史料鉴定是通过判读碑牌、查阅档案、查找文献以及其他记载如一些村史、族谱等相关的历史资料，访问知情人等来确定古树实际年龄的方法。人文史料鉴定方法适用于有碑牌、村史、族谱等，历史记载比较准确及栽植年代比较清晰的古树。但在实际调查工作中，大部分古树往往都由于缺乏相关资料记载，而且由于选择的采访对象不同，具有较大的不确定性。我们在进行鹤山古树调查时，也通过大量访问当地村民的方法，但由于选取的调查访问对象具有较大的随机性，人们对于古树名木的理解也不尽相同，所以利用这种方法时，除综合各类历史人文资料外，还应结合树木的生长环境、生长势、外观形态、树皮树干状况、样本材质硬度、密度和颜色等进行综合分析（袁传武等，2012），才能最终确定古树的树龄。

（四）应用“三段计算法”鉴定古树年龄

广州是我国进行古树名木调查和鉴定研究起步较早的地区之一，从 1985 年至今，已进行了 6 批次古树名木调查鉴定工作，其对古树名木树龄鉴定方法大都采用广州市园林科学研究所的“三段计算法”。“三段计算法”的依据为：一般树木在幼年期生长年轮较窄，15 ～ 25 年达到增粗生长高峰，25 ～ 30 年后开始出现下降，到达一定年龄后年轮宽度逐渐趋于稳定，三段计算法就是基于这种规律，用 30 年样本资料进行计算处理得到树木的真实年龄。具体操作如下：在树干 1 ～ 2 m 处选取适宜取样部位，用生长锥钻取 5 ～ 10 cm 的样本 (样本直径约 0.5 cm)，取样后，进行洞孔消毒和充填处理，确保树木安全；按照树木年轮鉴定的方法测定样本年轮，经相关计算得出古树年龄（张乔松等，1985）。同时也结合现场调查，走访知情人，查阅史料记载等，确定古树树龄。

该方法虽然结合树木年轮生长特性，进行采样，统计分析树木年轮，与年轮直接分析存在相同的缺陷。如对于南方现存数量最多的细叶榕，由于具有大量气生根，形成自我绞杀现象，在调查中我们也发现大部分百年古树的主干都已中空，由后来的气生根紧贴主干生长，最后深入土中迅速生长，最终压迫主干，逐渐取代主干的输导功能，从而形成新的主干，而原主干慢慢衰退腐烂，出现中空现象。这样利用“三段计算法”鉴定其年龄就存在许多不确定性，如 100 年左右古树都会产生中空现象，新主干往往是由气生根形成，采集的样本是往往年龄偏小的气生根，利用该方法估算其年龄，可靠性、准确性不高。

综合上述各种古树树龄鉴定方法，结合当地实际情况，在对鹤山古树调查中我们采用的方法和鉴别标准主要为实际调查以及访谈估测相结合、文献追踪、简单类比推断法、利用其他树木生物学特性等四种方法进行古树的初步筛选。

二、鹤山古树名木调查中树龄鉴定采用的方法

对于古树年龄的准确鉴定，方法虽多，但目前仍然没有一成不变的通用方法，无论是采用最直接的树木年轮测定，查阅文史资料和访谈调查，还是借助现代测量技术，或者采用直接测定与分析相结合等方法，都有其适用的局限性，需要我们根据实际情况进行具体分析。但树木年龄是判别是否为古树及其等级划分的唯一依据，在进行古树资源调查中，实际年龄的鉴定就成了棘手的技术难题。很多学者采取估算加推算的方法，进行了大量的探索，但由于各地气候条件、土壤条件、树种状况等都各不相同，因此目前仍然没有一个完整的科学快速测定树龄的方法。我们也只能借鉴国内有关古树调查的相关技术或者研究成果，根据鹤山市的实际情况进行具体应用，对鹤山古树年龄鉴定主要依据及参考方法如下。

（一）实际调查以及访谈估测相结合

调查古树一般可以通过实地考察，走访当地老人、长者的方法来推测古树的大致年龄。有些乡村，古树对当地

图 1-9　鹤山市古劳镇丽水村心村五月茶（120 年）

居民的意识形态和精神世界有较大的影响。有的古树，往往就是一个村庄的标志和图腾象征，百姓尤其是村中老人，把古树当作风水命脉，将其作为神灵来供奉朝拜。这种做法虽然带有一些迷信色彩，但客观上对乡村古树名木的保护起到至关重要的作用。乡村民风淳朴，村中的大小事情靠口头及村规民约代代相传，因此，当地人对村中古树比较了解，而且印象深刻。所以，可以通过走访当地老人来获取一些关于乡村古树的资料，并且可以粗略地推测树龄（覃勇荣等，2007）。这种在实际调查时，走访当地老人，了解古树历史的方法得到大量应用。但此只是其中一种辅助方法，一般在野外调查时，用于辨别可否列入古树调查时采用。如在鹤山市古劳镇丽水村心村调查华南皂荚时，听旁边小店的老板介绍，店旁边一株并不起眼的五月茶，比起我们正在调查的树木还要老，他父亲那一辈人就已经存在了。仔细察看，原来这株树的树桩已经埋入地下将近 2 m 高，而且被旁边一株细叶榕所遮挡，生存环境恶劣，不是当地村民重点进行保护，实难存活至今（图 1-9）。也只有通过调查走访，才能认定进行收录。

访谈法只是一种比较简单的社会调查研究方法，作为乡村古树年龄鉴定的辅助手段，它同样也具有较大的误差和应用的局限性，该法只适合对那些树龄较小（100 ～ 200 年）的古树进行鉴定。这种方法在国内古树名木调查中被广为采用，很多省市的古树年龄都是用这种方法估算出来的。该方法简单实用，但科学性、准确性相对比较差。在古树调查中，也可以通过这种方法进行调查，挖掘古树所蕴含的更深层次的价值，如关于古树种植人的一些传说，发生在古树身边的一些故事，与古树联系在一起的历史事件等。我们在调查鹤山各乡村古树时，也发现大部分古树都或多或少蕴藏有一段故事，如屹立在村口的这些古榕树、古樟树，基本上与村庄的建设历史或者重大事件相关联，而且其种植的位置大部分分布在村口、祠堂旁边或者是村中开阔地，而且多为偶数，是村庄的标志树，其守护在村口或者屹立于村中心位置，不仅为当地村民提供休闲、娱乐的场所，也是当地村民聚集闲聊、议事的好地方，很多与当地村民息息相关的事情也是在此处商定的，是村里的“老者”，也是村民的庇护神，经历了村庄的建设、发展历程。村民对此都记忆犹新，通过走访这些村庄的老人，可以大致估算树木的年龄。如屹立在鹤山乡村村口或者村中的古榕树，是当地村民闲时聊天、聚谈之地，也是当地村民派工、议事之处，对于此树的历史，大部分老人都能讲出一段故事或者是提供某些线索。还有些古树是由村民个人所有或者是个人所种植，如沙坪镇赤坎村委会双和村二队的一株黄皮，在一幢民居房前的庭院内，屋主是一位 70 多岁的老婆婆，据其描述种植该树的是上两代的姑婆，照此推算树龄超过百年。这些走访调查中的访谈记录，都以调查日记的形式记录下来，作为古树调查的佐证材料。当然也有通过访谈后，排除古树的案例。在沙坪镇中东西村，地势比较平坦，在一处水塘边，我们远远就能看见一株细叶榕，树冠特别巨大，长得也非常婆娑，树高 26 m，冠幅也达 20 多 m，树直径为 2.3 m，我们估计至少达百年以上，现存的大部分百年古榕树，也没这株榕树粗大。调查完成后我们走访了一位旁边居住的中年男子，他说该树正好是其父亲所种，也就是 90 年左右，实在令人难以置信（图 1-10）。虽然这仅属个案，但说明多种方法应用在古树调查中的重要性。我们通过实地测量古树树高、冠幅、胸径、树干中空情况、生长态势以及周边环境等，结合访问调查，进行综合分析估测古树的树龄。

图 1-10　鹤山市沙坪镇中东西村榕树（约 90 年）

（二）文献追踪法

按照人类目前的医疗卫生和生活水平，一般居民的寿命很少能超过一百年。而古树的树龄至少是百年以上，特别是年代久远树龄达 200 ～ 300 年以上的古树就不太适合采用访谈法（覃勇荣等，2007）。这在我们的实际调查中也都有比较深刻的体会，往往超过 200 年的古树，通过访谈法进行调查咨询时，人们告诉我们的是，这株树至少也有几百年历史了，在我们小的时候已经就是这个样子，现在仍然是这样，推测至少也有三五百年或者是更长时间。类似这种情况，要了解这些古树的年龄，除采用树木年轮分析或者更加精确的测量方法进行准确测定外，我们也可以通过查阅相关文献来进行估算，如各地的地方志、地方年鉴、考古文献记录、风景名胜记录、古建筑历史、古庙记载、族谱记录、祠堂记事以及历史名人游记等，这些对当地古树名木的相关文字记载，在一定程度上可以弥补访谈法的缺陷，对历史比较悠久、年代久远的古树也许可以从中寻找到一丝线索。

通过文献追踪的方法确定古树年龄，其优点就是方法简单，只需要通过一般的文献查找和简单的数字推算就能得到所需要的结果，其准确程度有赖于当时文献记载的精度，也取决于个人分析处理文献数据的水平和能力。其缺点：一是资料奇缺，因为调查所需的地方历史文献很难找到，尤其是偏远乡村，记录资料更加贫乏；二是古今地名的变更及自然环境的变迁，由于对地方人文历史不熟悉，增加了地理考证工作的难度；三是地方文献对乡村古树一般没有相关记载。因为南方自然生境好，森林覆盖率高，古树常见，因此，人们一般不会过多关注其数量、种类及生存状况。也由于偏远乡村交通落后，人们难以到达，信息闭塞，文字记载更加稀缺，因此，地方文献对乡野世事鲜有提及。所以，要想通过历史文献资料的记载，了解估算乡村古树的年龄并不容易（覃勇荣等，2007）。但在北京、广州、南京、西安、重庆等历史文化名城，由于各个时期的历史记录比较清晰，多用此方法。我们在进行鹤山古树调查前，也查阅了大量与鹤山有关的文史资料，如《鹤山县志》乾隆版中，有关鹤山古迹的介绍：“东坡里，在坡亭东南离亭半里，东坡尝于此摘荔，食之美，以指掐其核后所生，荔枝有指甲痕，树虽枯，遗址尚存。”有关古庙的介绍，如珠江三角洲及鹤山等五邑地区人们信奉的洪圣庙，记录有：楼冲龟山下吕何二姓乡约所、大官田村、东村左山下、丰乐村左山下、笋山村、雅瑶村、桔园村、荷村、三富村、四合村、靖村前石水口等处的古庙。这对于我们对古庙周边的古树树龄鉴定有一定的借鉴作用（图 1-11）。2001 年版鹤山地方史《鹤山县志》中有关农林业的介绍，记载了鹤山的一些古树，而且大部分也都存活至今。还有鹤山的一些文人雅客和热心人士发表的乡土作品、地方野史如徐晓星的《鹤山史话》《鹤山客家史》《鹤山春秋》等，也可以从中寻找一些线索。另外是有关鹤山植物资源网络、视频材料，都作为查阅考证对象，从中寻找有关鹤山古树的记录，并可从中挖掘蕴含在古树中的历史文化价值。（图 1-12 至图 1-14）

图 1–11　鹤山市桃源镇三富洪圣古庙前木棉（约 120 年）

（三）简单类比推断法

野外调查时，对于一些无法进行树蕊取样和具体测量、没有文献记录或者无法直接访谈估测树龄的乡村偏远地方的古树，也可以根据以往在相同地区或者是气候、环境和地理位置相似区域的古树样本测量数据的统计资料，分别统计不同树种，不同年龄段所得的平均值，估算或者作为年龄判别的经验值，以此来解决这些古树年龄难以判别的问题，这种方法就是简单的类比推断法（覃勇荣等，2007）。原国家环保总局在对古树名木入选标准的说明中，就是利用简单的类比推断法，根据不同区域、不同树木的生长特性，分树种，按其胸径大小对各区域的古树名木进行了一些分级。这种方法的准确性与类比数据的可靠性有关，而数据的真实性又与测试样本数密切相关。另外，不同的地区或不同的时期，有时需要对经验值进行修正和通过相关的检验分析。如北京市园林绿化管理局、湖北省林业厅就根据此标准，结合当地的实际情况进行优化，作为地方古树调查时筛选古树的标准。此法的优点是可利用计算机辅助手段进行数据处理和统计分析，根据分析结果制定简单易行的执行标准，缺点是对所测对象的树龄是间接分析的结果，与实际情况可能有一定误差。但在同一区域，同一个树种，而自然条件相近的情况下，这种简单的类比法，在野外调查过程中对古树进行初步排查时，具有一定的参考价值。以我国南方大量存在的细叶榕、樟树为例，我们在进行鹤山古树调查时就应用了简单类比法。

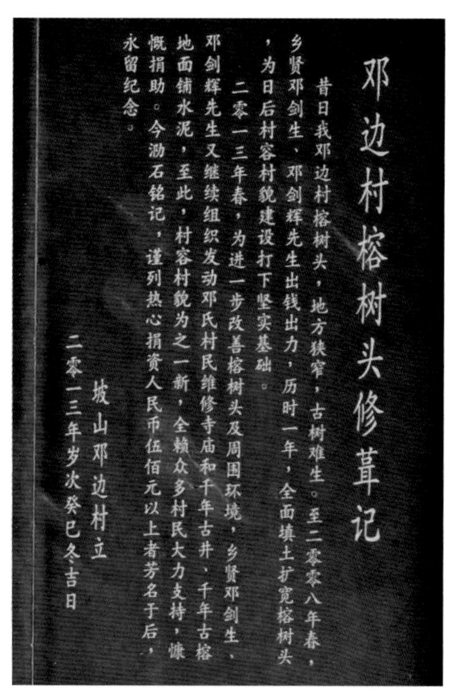

图 1–12　鹤山市沙坪镇坡山邓边村榕树头修葺记

图 1–13　鹤山市沙坪镇坡山邓边村古榕树

图 1–14　鹤山市沙坪镇坡山邓边村古榕树（220 年）

1. 细叶榕简单类比数据分析（以广州沙面古树为例）

在进行鹤山古树调查之前，鹤山市林业局组织了以乡镇为单元的古树名木的摸底调查工作，对此次调查数据进行汇总，初步分析结果为：鹤山市古树主要以细叶榕为主，占绝大多数，其次是樟树，两者约占总数的 60% ～ 70%。所以对这两种南方古树中现存量最多的种类进行分析，通过简单类比，初步排查是否能够纳入古树进行调查，并且通过对比分析数据大概估算古树树龄，是鹤山古树调查中需要解决的最为关键的问题之一。

鹤山位于珠江三角洲西北边缘，地形狭长，从古劳镇的丽水石岩头到沙坪镇的杰洲一线，濒临西江。元代末期，随着珠江三角洲的形成和发育，西江下游出现大面积的冲积滩涂，其土地肥沃，宜于种植。但元代以前，鹤山境内的西江河段没有围堤，每逢雨季，西江水涨时可淹没到玉桥、沙坪、越塘及雅瑶等地（徐晓星，1993），沿江民众深受其害。随着人口的增长，筑堤御洪，造田种植成为了西江沿岸人们日常生活中的重要事项。据乾隆版《鹤山县志・水利篇》记载：坡亭大水围即今古劳大围，在坡山村，明洪武二十七年（1394 年）乡人梁文善、冯观兴赴告，工部差刘永旋修筑，灌田二百二十三顷。同年又修古劳大埠围，洪武三十年，修越塘园州围，永乐二年（1404 年）筑独冈围。到明代中叶，古劳都已形成围田区。据鹤山旧志记载，到明末，鹤山全县新成堤 28 条，总长约 90 km，捍卫田地面积约 2 666 hm^2，人口约 10 万人。明清鼎革，社会动荡，民不聊生，水利事业渐衰。乾隆初年，改官督民修为官修，由于贪官修堤不力，导致堤围年年冲决。嘉庆十八年（1813 年），改官修为官督民修，修围资金、人力、物力稍有保障，水利兴修有所改善。民国时期，社会动乱，国困民穷，政府兴修水利乏力，无新建设大堤，旧堤失修，防洪能力非常脆弱。直至新中国成立初期，开展以堵口复堤、联围、新筑小围为主的水利建设。1950 年将古劳围、铁围联成古劳围，将长乐、大埠、罗江、砚岗、岗头、霄乡等小围围成连城围，并联成玉桥围、越楼围等。至 1985 年，全县围堤总长约 110 km，其中西水堤 31 条，总长 89.8 km，捍卫耕地约 4 873 hm^2，占全县总耕地面积的 25.7%，捍卫人口 10.36 万人，占全县人口的 32.7%（鹤山县志编纂委员会，2001）。由此可见，鹤山有近三分之一的土地是由围堤建设而保护下来的，其受西江水系（珠江的主要干流）的影响，水分充足，与珠江三角洲其他地方相比，无论是环境条件，还是建设历史等诸多方面，都有很多相似之处，可比性强。

因此，我们选择了位于广东省广州市西南部的沙面，地处珠江下游，其南濒珠江白鹅潭，北隔沙基涌，面积 0.3 km^2。与鹤山距离不足 100 km，地质、水分条件等与鹤山大部分地区（如古劳、沙坪、雅瑶等）非常相似，可比性强。而且沙面现存古树资源比较多，主要的树种也是细叶榕和樟树两种。沙面在宋、元、明、清时期为中国国内外通商要地，鸦片战争后，在清咸丰十一年（1861 年）沦为英、法租界，是广州重要的商埠，由于该区域历史比较清楚，能比较准确地对现存古树树龄进行准确鉴别，而且与鹤山大部分地区细叶榕生长的环境相差并不大，特别是在鹤山古劳、沙坪、龙口等地地势比较平坦的地区，具有较大的参考价值。所以在进行野外调查之前，我们多次对广州沙面的古树资源进行调查考察，通过分析借鉴沙面调查数据，为鹤山细叶榕树龄鉴定提供参考。

综上所述，无论是地域、生境、气候特征、水分条件以及建设历史等诸多方面，广州沙面都与鹤山有很多相似之处，对沙面古树进行调查分析，可为鹤山古树调查提供借鉴和参考。1985 ～ 2007 年，广州市政府陆续公布了五批广州古树名木调查鉴定结果，我们选取了沙面 93 株细叶榕的调查数据，古树树龄分四个年龄段，分别为 80 年、130 年、150 年和 180 年。其中仅有 2 株树龄为 80 年的细叶榕，胸径约 60 cm（最小 60 cm，最大 64 cm）。树龄 130 年的细叶榕共 44 株，平均胸径约 90 cm，胸径范围在 70 ～ 110 cm 之间。其中胸径 70 ～ 75 cm 之间有 5 株，占 11.4%；胸径 80 ～ 85 cm 之间有 10 株，占 22.7%；胸径 90 ～ 99 cm 之间有 19 株，占 43.2%；胸径在 100 ～ 110 cm 之间有 10 株，占 22.7%。胸径大部分集中在 90±10 cm 之间，约占总数的 86%。树龄 150 年的细叶榕共 16 株，平均胸径约 109 cm，胸径范围在 83 ～ 127 cm 之间。其中 90 cm 以下有 3 株，占 18.8%；98 ～ 110 cm 有 7 株，占 43.8%；110 ～ 120 cm 有 4 株，占 25%；120 cm 以上 2 株，占 12.5%。胸径大部分集中在 105±10 cm 之间，约占总数的 68%。树龄 180 年的细叶榕共 31 株，平均胸径约 125 cm，胸径范围在 115 ～ 140 cm 之间。其中胸径在 110 ～ 120 cm 共有 5 株，占 16.1%；胸径在 120 ～ 130 cm 共有 17 株，占 54.8%；胸径在 130 ～ 140 cm 共有 9 株，占 29%。胸径大部分集中在 120±10 cm 之间，占总数的 77%（广州人民政府办公厅，1985，1999，2003，2007 等；杨伟儿等，2003）。而且调查发现超过百年的细叶榕，主干几乎都出现不同程度的中空现象，现在的主干都是由新生的气生根落地后环绕主干形成的。通过对比广州沙面细叶榕调查结果，在进行鹤山古树调查中，以此为简单的参照，对调查的细叶榕进行初步筛选，作为能否划定为古树的一个简单标准。如调查中胸径小于 60 cm，树身未见中空现象基本上可以排除，不再纳入古树进行调查。

2. 樟树简单类比数据（以广州古树为例）

对广州古樟树调查数据分析表明，百年以上的樟树胸径一般在 50 cm 以上，其中 100 ～ 110 龄樟树平均胸径约为 77 cm，最小一株胸径 53 cm，最大一株 99 cm，大部胸径在 70 ～ 80 cm 之间，约占调查总数的 72%。树龄 120 ～ 130 年樟树胸径在 50 ～ 102 cm 之间，平均胸径约 70 cm，其中 130 年龄的古樟树胸径在 50 ～ 60 cm 间居多，主要生长在沙面，约占总数的 62%；树龄 150 ～ 160 年的樟树胸径在 70 ～ 140 cm 之间，平均胸径约 90 cm，大部胸径在 70 ～ 90 cm 之间，占总数的 64%。树龄 180 年的樟树胸径在 80 ～ 100 cm 之间，平均胸径约 91 cm；树龄 200 ～ 260 年的樟树胸径在 107 ～ 140 cm 之间，平均胸径约 120 cm。最小的一株 100 年左右樟树胸径约 53 cm，最老的一株位于沙河天平架，树龄 370 年，胸径为 140 cm。这些基础数据都可为古樟树的调查提供参考（广州市人民政府办公厅，1985，1999，2003，2007 等；叶广荣等，2008）。如胸径大于 50 cm 的樟树即可定为古树进行调查，再综合其他调查数据进行综合评估鉴定古树树龄。

3. 其他可供参考的数据资源

从 2001 年开始，全国绿化委员会、国家林业局在全国范围内开展了一次大规模的古树名木普查建档工作，并且公布了我国古树名木调查资料。通过分析我国古树名木的年龄结构、树高、胸径、冠幅等大致范围，从而为各地进行古树调查提供参考。

我国古树名木的年龄结构分布情况：我国古树树龄主要集中在 100 ～ 499 年之间（占总量的 98.2%），500 年以上的古树名木较少（占总量的 1.8%）。其中 100 ～ 299 年之间的古树占全国古树总量的 61.6%，300 ～ 499 年之间的古树占全国古树总量的 36.6%，500 年以上的古树占全国古树总量的 1.5%，1000 年以上的古树仅占 0.3%。

我国古树名木树高范围：对 21 个省（自治区、直辖市）的有效树高数据分析，我国的古树名木树高主要集中在 10 ～ 20 m 范围内，占古树名木总量的 53.4%；10 m 以下的古树名木占总量的 24.5%；21 ～ 30 m 之间占古树名木总量的 19.1%；30 m 以上的仅占总量的 3%。

我国古树名木胸径范围：对 21 个省（自治区、直辖市）古树名木调查的有效胸径数据分析，我国古树名木的胸径主要集中在 100 ～ 299 cm 之间，占古树名木总数的 69.5%。胸径在 100 cm 以下的只占古树名木总数的 3.8%；胸径在 300 ～ 499 cm 之间，约占古树名木总数的 17.6%；500 cm 以上的，约占古树名木总数的 9.4%。

我国古树名木冠幅特征：对 21 个省（自治区、直辖市）的有效冠幅数据分析，我国古树名木的平均冠幅主要集中在 5 ～ 20 m 范围， 占全国古树名木总数量的 86.7%。冠幅在 5 m 以下的，占古树名木总数量的 10.5%；冠幅在 21 ～ 40 m 之间，占古树名木总数量的 89.3%；冠幅在 40 m 以上的古树名木只占 0.2%（全国绿化委员会办公室，2005）。

（四）利用其他树木生物学特征进行古树的初步筛选

生物个体都要经历不同的生命时期，而且不同时期会显现不同的体态，树木到了老年，也都有各自的老态现象。如有报道说古梅老态的几种标志包括树干扭曲、皮层隆起、小枝盘曲、树皮反翘剥落、苔藓或地衣缠身；百年以上的古梅一般存在木腐中空、疮迹斑斑、树根凸突裸露等典型的外部特征，通过对这些特征的判别，可以初步判断能够纳入古树进行调查。上述这些古树的老态特征在古榕、古樟、古朴树等南方主要古树种类中亦常见。对于此次鹤山古树的调查，我们也根据所测古树的生长状况、形态特征、外观老化程度、树种的生物学特性及相关的测量结果对其进行综合分析，如对于数量最多、分布最广的细叶榕，由于其生长快，有大量的气生根，在我们调查广州古榕树时，也总结了一些基本特征，作为进行古树调查筛选的最主要特征。如百年以上的古榕树基本特征是：主干中空，或者已经枯萎或主干不明显，由后来的气生根环绕形成新的主干，树体有大量的寄生植物，在调查广州沙面大部分超过百年的榕树，也都存在这种现象，可以作为能否列入古树调查的一个初步、直观判定标准。当然这只是其中的一种最简单、粗放的筛选方法，在进行乡村古树调查时，只作为参考，最终还需要综合其他方法，如用访谈法排除、测量数据及周边环境等多种方法进行综合分析评估。

基于上述对古树名木树龄初步鉴定方法的综合分析，在进行鹤山古树名木调查时，我们根据前期每木调查登记表，进行逐一实地调查考察，运用植物学专业知识，一方面，通过多方对比，对古树的生长状况、形态特征、外观老化程度、树种的生物学特性及实际的测量结果进行综合分析，同时结合访问当地长者、群众，查阅相关记载或历史资料等推断古树年龄。另一方面，也有通过查阅档案、地方志等相关历史资料、访问知情人，同时结合当地立地条件进行综合分析，鉴定并确定古树年龄。在综合各类历史人文资料时，应结合树木生长环境、生长势、外观形态、树皮状况、样本材质硬度和颜色等，对每株古树名木逐一调查记录。通过准确鉴定种类、记录树高、冠幅、枝下高、胸径、伴生植物、病虫害危害情况、生长状况、周边环境等综合信息。对不能现场确定的种类同时采集标本，拍摄整株株形及花果的照片。最后将这些古树的调查数据进行分析处理，从而较为准确、全面地掌握鹤山古树名木的种类、数量和生存现状。

第二章 鹤山市人文历史及植物资源记载

第一节　鹤山历史沿革及人类活动

一、鹤山建制及历史沿革

说起鹤山的古树名木，当然与鹤山的历史发展过程、人文历史和人类活动等密切相关。我们通过考究鹤山的发展历程及人文历史，并与古树相结合，希望从中发掘古树名木中蕴含的一些历史价值、人文价值，所以在调查鹤山古树名木的同时，也需要对鹤山的历史、人文信息等有一些了解。同时也希望在了解分析历史、人文活动等相关记录的过程中寻找一些蛛丝马迹，有助于我们更加系统、深入挖掘古树及蕴藏其中的深层次的信息，赋予古树更深的内涵，有利于对这些古树进行保护。

从新石器时代晚期到唐代，鹤山就有人类居住，但缺乏文字记载，本地区有文字记载的历史大约从宋朝开始，传说北宋绍圣年间，苏东坡被贬海南，他从惠州出发，经广州坐船沿西江上溯广西，再南下雷州半岛，在途经新会县境内的西江河段时，正值五月龙舟水涨，行船困难，便在新会县石螺岗（今鹤山）停靠数日，村民以此为荣将该村命名为坡山村，沿用至今。后人在江岸建坡亭纪念，说明在北宋时坡山已成村落。《大清一统志》中肇庆府坡亭条载："宋绍圣中，苏轼谪儋州过此，留数日，居人慕之，筑亭于上。"亭下巨石饮江，上刻"坡公泊舟处"5个隶书字，至今仍隐约可见。坡亭为六角形，六条石柱高擎绿盖，翼然于江岸。南面两柱刻一联："响彻铜琶，千古大江东去；吹残铁笛，一声孤鹤南飞"；北面两柱楹联是："涛声四面作风雨，笠影半肩挑夕阳"；亭后还有"天地一间屋，江山几古人"的石刻。现在鹤山沙坪镇西江边上的坡山村，仍然保存着古朴民风，西江江畔石螺岗侧的东坡亭也几经修葺，成为当地风景名胜（徐晓星，1993）（图 2-1）。

秦以前，鹤山地属南越（商）、百粤（周末），秦始皇三十三年（公元前214年）平定南越，在岭南设置桂林、象、南海3郡，鹤山属南海郡义宁县（据通志）。汉元鼎六年（公元前111年），南海郡划分为番禺、四会、博罗、中宿、龙川、揭阳6县，鹤山地属新会，三国吴国黄武元年（222年）鹤山属广州部南海郡平夷县，晋武帝太康元年（280年），

图 2-1　鹤山市西江江畔坡亭及修葺记

图 2-2 鹤山市西江江畔朝云亭及石刻

平夷县改为新夷县，属广州郡。南北朝、宋永初元年（420 年）立新会郡，辖 6 县，今鹤山地分属封平、盆允两县。

宋、齐、梁、陈沿旧制不变。

隋属新会、义宁两县，隶于南海郡。唐，改隶于广州。五代、南汉隶于兴国府，宋属新会、新兴两县，隶属广州及新州。

元沿前制，明隶属广州府及肇庆府。

清顺治六年（1649 年）至建县前，鹤山分属新会、开平两县（鹤山县志编纂委员会，2001）。

鹤山历史上曾隶属南海、新会、开平。由于距县治较远，人烟稀少，境内皂幕、黑坑、昆仑等山险峻茂密、绵亘数县，交通阻塞，明末清初近百年时间里一度成为盗贼啸聚之所。清朝初期政府曾派兵驻守官田（今鹤城）一带，但由于山匪据深山为寨，洗劫村庄，致使大片田地荒芜。清雍正九年（1731 年），由当地垦荒种植的 105 户联名陈请立县，由两广总督奏请清政府，清雍正十年（1732 年），清政府从广州府属下的新会划出古劳、新化、遵名三个都及肇庆府属下的开平双桥都全部，古博都的部分地方，新置鹤山县，在今之大官田筑城为治所，因城北有小山形如鹤，县以山名，称鹤山县，治所称鹤城，隶属于肇庆府。自此以后，县境不变（徐晓星，1993）。

鹤山设县的目的何在？当年的两广总督鄂弥达曾用“兴地利，遏盗源”六个字来概括。目的就是为了加强对这一地区的统治，加速对该地区的开发。由于交通不便，人口稀少，经济发展缓慢。旧县城历经 180 多年开发并没有发展成为经济中心。而沙坪（旧称古劳都），濒临西江，土地肥沃、人口稠密，加上与广州佛山较近，经济发展较快，逐渐成为全县经济中心，民国二年（1913 年）县治迁往沙坪。

中华人民共和国成立初期，鹤山县隶属粤中专区。1952 年 5 月与高明合署办公，至 1954 年两县恢复建制。1956 年，鹤山县隶属佛山专区。1958 年 11 月 16 日，鹤山县与高明县合并，称高鹤县，仍属佛山专区。1959 年改隶江门专区，1961 年 10 月改隶肇庆专区。1963 年 6 月，又划归佛山专区。1981 年 12 月 16 日，恢复鹤山、高明两县建制，鹤山隶属佛山地区。1983 年 6 月 1 日，试行以市带县，鹤山县隶属江门市。1993 年撤县建县级市至今（鹤山县志编纂委员会，2001）。

二、鹤山人的历史渊源及其活动、迁移历史

鹤山人类活动始于五六千年前的新石器时代，虽然没有文字记载，但从鹤山挖掘出来的历史遗迹可以证明。秦以前，鹤山县境内居住的主要是南越先民，他们是最早开发鹤山的原始居民。秦统一岭南后，大批“谪徙民”被迫迁居岭南，“与越杂处”，这是第一次有关鹤山外来人口入迁的记载。其次是皂幕山、云宿山一带的山区，原为瑶、壮等少数民族聚居区，现云宿山尚存有古瑶寨遗址。据清顾祖禹《读史方舆纪要》：“云宿山，（新兴）县东八十里，高百余仞，周百四十余里，瑶贼尝结巢于此，一名云岫山。成化初，按察副使毛吉追贼至此遇害”，瑶族先人也是古代百越族的一部分。鹤山人口大批入迁始于南宋末年，由于元兵南侵，从中原迁移到南雄珠玑巷的汉族一批批南迁，进入珠江三角洲，其中一部分迁入现鹤山县境，在较为平坦的地区定居形成村落，此部分人占据鹤山大部分，视为鹤山土著。鹤山第二次大批迁入的是汉族客家人，其中也有两次大的迁入过程，其开始于清康熙三十五年（1696 年），十年间共建立 17 条客家村，是客家人入迁的第一次高潮。雍正即位后至建县初，粤东、粤北客家人大批南迁，形成第二次客家人入迁的高峰。据旧县志统计，当时鹤山全县客家人口约占全县人口的五分之一。此外，鹤山建县初期，还有一批共 150 户从顺德、南海迁移的包租官田的租户（鹤山县志编纂委员会，2001；徐晓星，1993）。所以从人口构成与来源上可将鹤山建县时的居民大致分为三大类：

第一类为鹤山本地人，即开县前定居已久的当地土著。这部分人居古劳都最多，双桥都次之。他们是鹤山居民的主要部分，因其定居本地先有四五百年历史，遂被后来者通称为土著。其实，他们原本也是来自中原的移民，自南宋初年（绍兴年间）开始迁入，而大部分自称是南宋末年从南雄珠玑巷南迁而来的，如本县的大姓禄洞及陈山李氏，越塘、维墩、大埠、雅瑶之冯氏，以及隔朗陆氏、平冈宋氏、平岭冼氏、霄乡源氏等，他们的先祖都是从珠玑巷迁来，不但是口头相传，而且记载在他们的族谱里。北宋末期，由于以宋徽宗为首的封建王朝腐朽无能，在极短的时间内，就被南下的金兵占领了中原，攻陷了汴京，北宋政权结束，宋高宗仓皇南渡。在战乱中，中原土民一部分随高宗走东南，流离于太湖流域一带；一部分随隆祐太后走赣南，在隆祐太后自赣南回临安后，由于土民动乱便南度大庾岭，寄寓南雄。这度岭的一支，经过一段时期，又从南雄南迁，流离于珠江流域一带（徐晓星，1993）。

这一部分居民自宋末迁来，定居鹤山已有数百年历史，不少姓氏已修了族谱，其渊源清楚可考。他们多居于平原富庶之地，排沼泽、垦荒地，建立家园，聚族而居，形成村落，创造了灿烂的广府文化，如鹤山禄洞、陈山的李氏

图 2–3　鹤山市沙坪镇越塘一冯氏祠堂古榕树

家族、越塘的冯氏家族等（图 2-3），都有比较完整的族谱记载，在鹤山开居至今已经传承了 25 代，700 多年，这批人的后裔占了鹤山人口的绝大部分，被视为鹤山的土著。他们对鹤山开发作出的贡献也最大。例如，为防御西江洪水侵袭而修建的古劳大堤，从明朝洪武年开始一直至近代的几百年间，他们一直在修堤、筑堤、护堤，围垦种植，使古劳从滩涂泽国变成美丽的岭南水乡，就是他们战胜自然的成果。曾经驰名中外的鹤山特产红烟与古劳茶，就是他们历代培育的结晶。在鼎盛时期，鹤山红烟产量占广东全省总产量的一半以上。鹤山茶鼎盛时期，也曾出现“无山不产茶，茶达 60 余处”的盛况。茶园面积达 5 333 hm^2，年产毛茶 8 万担，商品茶 5 万担，年出口近 3 万担。“几占全省输出总量之八九成”（徐晓星，1993）。如鹤山古劳丽水村心村黄氏宗祠，记录了咸淳年（1265 ~ 1274 年）先祖从南雄珠玑巷南迁，先是迁入新会杜阮，繁衍四代，后迁入太平沙，其后一代再入迁古劳龙溪，最后迁入古劳丽水至今（图 2-4）。

宋、元、明时代，鹤山还有瑶人居住于皂幕山、云宿山一带。他们垦山为畲，种菜为生，或者从事狩猎。直至明嘉靖年间，县内还有瑶人活动的记载，但在鹤山建县前已迁往其他地方，现鹤山云宿山山顶尚存有一座千年古瑶寨城墙，证明了当时这部分居民在鹤山活动和居住的情况。

第二类为客家人，即清初自粤东迁来的客家人。他们的祖先原本也是中原士族，宋元以后迁至闽、粤、赣三省边远山区，在粤则聚居于惠州、潮州（雍正十一年才从惠、潮划出嘉应州，即今梅州市，为客家人聚居地）。康熙三十五年（1696 年），有新会营千总赖易胜，系潮州大埔县人，奉派驻防大官田营汛，见该处地荒人稀，便从家乡招得一批人前来垦荒，是年始建坪山村。自后，粤东客家人陆续迁来，至鹤山建县前，已开辟了坪山、五凸型、横坑、南洞、龙团、小官田、北芬、殷洞等十七条客家村（徐晓星，1993）（图 2-5）。

开县之年，粮驿道陶正中奉命悬示招垦，对应招前来者给予政策优惠，粤东客家人闻讯而来者甚众。“荷锄求地者日以百计”。这是客家人移民鹤山的第二次高潮，民间称为“五子下鹤山”。他们多数定居在今鹤城、云乡、四堡、共和、合成、白水带各处村庄，由于他们的到来，官田、禾谷、云乡这些山谷盆地开发成为了良田，丘陵山坡变成了茶园，鹤城墟出现了茶市。到咸丰初年，鹤山客家人发展到极盛，分布在四十堡的一大片区域。

此部分居民，主要是鹤城、共和、合成等地的客家人，他们大部分是在鹤山建县前后，即清朝康熙年间（1696 ~ 1722 年）

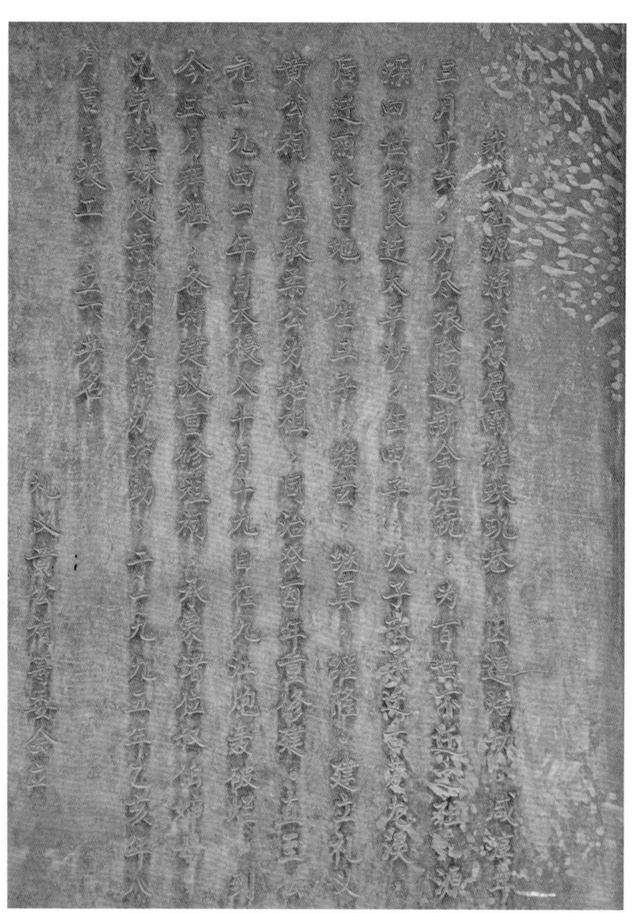

图 2-4　鹤山市古劳镇丽水村心村黄氏宗祠及古树（120 年）

图 2-5　鹤山市鹤城镇五星大坪村古稚林（米槠林）（200 多年）

从粤东、粤北迁入的。他们定居鹤山约 300 多年，繁衍了十二代左右的子孙，约占全市人口的五分之一（图 2-6）。

上述两部分居民，除语音迥殊外，风俗习惯、生活方式亦多有差异。乾隆版《鹤山县志》指出“惠潮来民，多农鲜贾，依山而居，以薪炭耕作为业，故其俗朴而淳，与土著差异；土著之民，多商鲜农，贫者亦习工技以治生”。但他们在鹤山建设中所起的作用最大。

图 2-6　鹤山市鹤城镇东坑吉园村古榕树（140 年）

第三类是鹤山建县前后从南海、顺德迁来的部分富族。建县之前，有伍德彝等 150 户自南海、顺德来鹤山境内承垦荒田。估计这 150 户是富户，他们向政府承包大片田地，再转租给佃户耕种。雍正九年（1731 年），他们联名呈请建县成功，“立县日准其入籍，子弟一体应试，境内荒田听其随力开垦”。鹤山首任县令黄大鹏建城时，指定城内西南区除建关帝庙、城隍庙外尚有余地就分给这 150 户建房居住，又批准他们继续招佃垦荒，以安置新来的惠潮移民。此外，今竹朗施氏、尧溪、赤坎之刘氏，皆迁自顺德龙山，古劳麦村关氏迁自南海九江。这一部分邻县移民，从人口数量上远不及前两部分多，但在财力与人力上对开发鹤山作出的贡献也较大（鹤山县志编纂委员会，2001；徐晓星，1993）。

三、鹤山历史上的人口状况

上面就鹤山人入迁的一些历史进行了一些简述，从相关历史记载可以看出，鹤山在建县之前，应该是个地广人稀，山林茂密之地。这也可从鹤山县人口登记情况中得到验证。有关鹤山的人口，在清初尚无人口统计记载，只有编户丁口统计，鹤山建县之初，在册人口不足万人。如乾隆版《鹤山县志》载：建县初，通县共5803丁，内优免600丁，妇女共3668户，共实编8871丁口（鹤山县志编纂委员会，2001）。这是户口册上的人口数量，实际的人口可能会多一些，总人口应该在1～2万人，可以看出，鹤山在建县前后确实人迹罕至。建县后，由于大批客家人的迁入，人口急剧增加，数10倍于前（民国县志）。至乾隆元年（1736年），全县新增滋生人丁1064丁，新编146丁。乾隆三十一年（1766年），新增滋生人丁239丁，新编14丁（乾隆县志）。

综上所述，鹤山建县后至清乾隆三十七年，鹤山境内人烟稀少，人口增长一直比较缓慢，这也很好理解，鹤山原本为荒野之地，发展自然较慢。但从南宋末年到清朝初期，开始有大批汉人特别是客家人的迁入，他们开始开山垦荒种茶，出现了茶叶种植、加工、贸易的鼎盛时期，也加快了鹤山人口增长速度。虽然中间没有具体的人口统计数据，但据民国十七年（1928年）邮务总局的报告资料，鹤山全县人口约32万，达到人口的高峰，以后一直保持在20多万人的规模，直到改革开放以后，鹤山人口才逐渐恢复到30多万人的规模。说明鹤山在清朝建县以后直至民国初期，由于大量人口的迁入，鹤山社会经济得到迅速的发展，人们开荒种植，此时出现的如茶叶、烟草等种植的高峰，因此也造成了大量植物资源的破坏，而能保存至今的古树资源数量自然较少（表2-1）。

表2-1　鹤山人口增长统计表

年份	总人口	年份	总人口	年份	总人口
1928-1931	284717	1955	208659	1975	289772
1936	282612	1960	213489	1980	307583
1941	253149	1965	245426	1985	316978
1949	191715	1970	269694	2007	362185

鹤山县志编纂委员会，2001；鹤山年鉴，2009。

第二节 鹤山的侨乡文化

上面就鹤山建制、人类活动、入迁和人口数量等方面进行了一些分析和概述，除此之外，鹤山还有一个比较重要的特征就是华侨的活动。江门俗称“五邑”，包括新会区（市）、开平市、台山市、恩平市、鹤山市，素有“中国第一侨乡”之称，侨乡文化与广府文化相结合，形成独具风格的五邑文化。据相关统计，祖籍江门的华侨、华人和港、澳、台同胞接近400万人，分布于世界五大洲107个国家和地区，其中，分布在亚洲地区的人口约占20%，在美洲地区的人口约占70%。据传，目前在香港约有四分之一、澳门约有三分之二的市民祖籍为江门五邑地区。五邑华侨、华人不仅人口数量众多，分布地域广泛，而且还具有其他侨乡不同的特色。中国的四大侨乡有江门、泉州、潮汕、梅州，后面三个侨乡的华侨大部分分布在东南亚各国，在地域分布上同属于亚洲，从文化传统上来说，东南亚地区也同属于中华文化圈。唯有五邑地区的华侨主要分布在美国、加拿大和澳大利亚等地，而美国、加拿大和澳大利亚则是新兴发达的资本主义国家，代表西方殖民主义文化，因此不难看出，泉州、潮汕和梅州等地的华侨为当地所引进的文化还是中国传统文化的延续，唯独五邑侨乡在保留中国传统文化的同时，能够看到更多的中西文化交流，这一特点在中国的侨乡中也是最为独特的。其中最具代表性的应属世界文化遗产之一的开平碉楼群及古村落，碉楼不仅是中国乡土建筑的一种特殊类型，也是中国社会转型时期不可多得的主动接受外来文化的重要历史见证者，其独特的建筑风格融合了中国传统乡村建筑文化与西方建筑文化，是我国华侨文化的纪念丰碑，体现了我国华侨与当地居民主动接受西方文化的历程，代表了中国华侨文化的特质。因此华侨是文化的传播者，是中外多种文化交融和碰撞的产物，它所带来的文化冲突势必广泛触及和影响中国传统社会的方方面面和各个阶层（图2-7）。

图2-7 鹤山市址山镇昆阳树下村华侨引入的见血封喉（280年）

江门五邑人出洋史可追溯到唐代，唐僖宗乾符六年（879年），已有新会人随阿拉伯商人前往印度尼西亚苏门答腊。自此之后，一批又一批的五邑人陆续漂洋过海到海外谋生。鹤山也不例外，是我国重点侨乡之一，据统计，其海外华侨与境内居民人口比例接近1: 1，故有“内（国内）外（国外）一个鹤山”之说。鹤山人移居海外始于何时，史无记载，据道光版《鹤山县志》载：“邑人先至美洲者，为桔树村人（今属鹤城）李泽，距今九十余年”，是鹤山有史可查的最早移民海外的谋生者（鹤山县志编纂委员会，2001），至今约有三百年的历史。

1840年鸦片战争后，随着外国资本入侵，不平等条约的签订，加速了广东工农业者破产，大批破产农民、手工业者、小商贩等被迫背井离乡到海外谋生。而此时也正值西方资本主义迅速发展扩张时期，需要大量的劳动力来开发殖民地和本国资源。此时产生了“契约华工”，俗称“卖猪仔”的形式，到海外从事种植、开矿、修铁路等的苦役劳动。清末年间，以这种形式出国的人数最多，据相关记载，从道光二十九年至咸丰二年（1849～1852年），从广州及其附近地区拐骗到南美洲的人数已有2万多人。咸丰年间，清政府更是允许在广州公开“招募华工”，广东沿海地区被“卖猪仔”到海外的人数也急剧增加。据 1853 年美国的官方统计，四邑在美侨民达 16 107 人，占当时在美华人的 41.6%。此外还有少部分是由亲友或者政府资助出国的华侨，但人数极少。我们从鹤山市沙坪镇陈山的大姓陈氏族谱可以略知一二，据陈山村史记载，陈山陈氏从十九世开始就有五人迁往澳门、美国，二十世仁广等三人迁往澳门、南洋，二十一世九人迁广州、澳门、香港及石叻、庇能、南洋、菲律宾、加拿大，二十二世宝绵迁南洋，二十三世汝垣、女提迁香港。如鹤山陈山名人被誉为中国油画之父的李铁夫，属二十一世一代，他于 1885 年随堂叔到英属加拿大谋生，这是有确凿记载的实例（徐晓星，1998）。

早期的华侨华人为了谋求出路，大部分人仍保留了中国国籍，他们在国外积攒到足够的钱后，往往选择落叶归根，回归故乡。但绝大部分华侨为谋求更大的发展，加入了当地国籍落地生根成为外籍华人，他们主要以年轻一代居多，约占华侨总人数的 85%。晚清时期，随着鹤山旅居海外的华侨人数大增，开始与家乡建立联系，乃至华侨团体的成立，这种联系也从单一的联系发展成为群体的联系，从分散到有组织的联系，于是出现了侨乡的雏形。清光绪二十五年（1899 年），光绪皇帝谕旨各省督抚保护回国侨民，因此华侨与家乡联系也日益频繁，书信往来、寄钱带物、回国探亲团聚、结婚等活动日渐增多。民国成立之初，更是侨心大振，许多华侨将积攒的钱财汇回家乡，或者赡养亲属或者建房置业。也开始出现心怀家乡、报效国家，怀着以“实业救国、教育救国”为目的的回乡办学、办实业、办公益事业等的活动。如由华侨集资建设的县立中学、昆山中学、鹤城女子职业学校等。甚至有址山莲岗乡水基村人创办了“松杞造林公司”，20 世纪 20 年代前，址山一带山地植树甚少，为绿化家乡荒山，发展林业，民国二十一年（1932 年），在香港做生意的林绍铭捐资建立“松杞造林公司”，在址山累计造林面积 30 km^2，山林连绵 9 km（鹤山县志编纂委员会，2001）（图 2-8）。

虽然对鹤山古树名木调查似乎与侨乡文化没有太多实质性的联系，但我们并不放弃任何线索，调查中或者是相关记载中，我们也确实发现与侨乡华侨活动交流相关的一些古树的线索，如雅瑶清溪飞鼠冈的格木林，相传是当地华侨从南洋带回来的种子，种植于该村后山所形成的；址山镇树下村的见血封喉，都植于房屋前面，周边没有山坡，非常明显是引种种植的；另外在沙坪镇赤坎村，调查中我们也发现一些近百年的水果种类如阳桃等外来水果品种的引种栽培，也可能与侨乡文化密切相关，或许是鹤山为代表的五邑侨乡文化的记录者和见证者（图 2-9）。

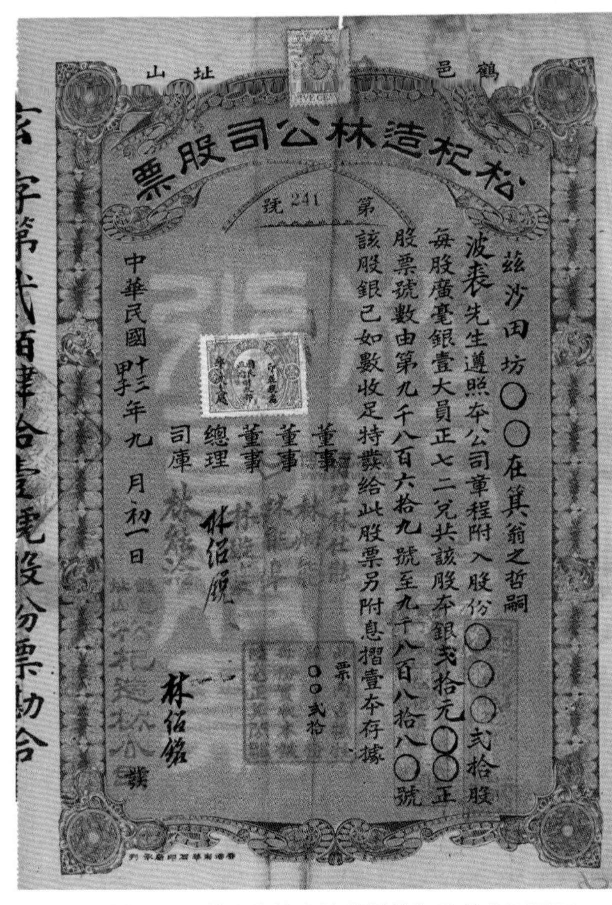
鶴邑 址山

松杞造林公司股票

第 241 號

茲沙田坊〇〇在其翁之哲嗣

波表先生遵照本公司章程附入股份〇〇〇〇弍拾股

每股廣毫銀壹大員正七二兑共該股本銀弍拾元〇〇〇正

股票號數由第九千八百六拾九號至九千八百八拾八〇〇號

該股銀已如數收足特發給此股票另附息摺壹本存據

董事

董事

董事

總理

司庫

林紹銘

中華民國廿三年九月初一日

图 2-8　鹤山市址山镇华侨松杞造林公司股票

图 2-9　鹤山市沙坪镇赤坎坎头村阳桃（100 年）

第三节 鹤山林业及植物资源的历史记载

一、鹤山的林业、植物及古树资源

在鹤山建县至今的280多年历史中，最初县治设在鹤城，经历180年（1732～1912年），后迁至沙坪至今。据鹤山图书馆馆藏的本土作品《鹤山史话》所述，现在鹤山市第二中学操场南端，原有一株两三人合抱的古榕树，相传是旧县衙门前遗物，但在1990年暑期突然自焚，主干烧坏折断，树根再发新枝。这是《鹤山史话》对鹤山旧县城遗迹的一些模糊记忆，也是鹤山古树与旧县治相关联的一些记载。虽然鹤山建设、发展历史远非几段话可以说清楚，本文只作一些简单介绍。《鹤山县志》2001年版是鹤山建县以后比较全面、详细的记录鹤山历史发展的县域地方志，是了解鹤山最好的工具书，下文主要引用县志中与林业、植物相关的记载，旨在提高对鹤山植物资源的认知度，特别是增加古树名木的知名度，引起人们重视，加以保护这些珍贵的地方资源。

（一）《鹤山县志》中对鹤山市林业资源的记载

鹤山山地自然植被为亚热带常绿季雨林，现有的天然次生林以常绿阔叶林为主，主要树种有68种，林分主要以薪炭林和经济林为主，其次是村边风水林和少量用材林（鹤山县志编纂委员会，2001）。据乾隆版《鹤山县志》物产篇中记载，县内主要树种有：木棉、桑、楠、椽、杉、樟、松、柏、桐、榕、柞、水椰、秋枫、槟榔、乌桕、赤梨、柳等。主要水果品种有橙、柑、橘、柚、桃、梅、荔枝、龙眼、石榴、杨桃、人面子、李、柿、奈、桔、苹婆和竹类等，是有文字记载以来的第一次有关鹤山树木、果树种类方面的描述。

据鹤山林业部门1981年对林业资源调查结果表明，境内常见树种有67个科，268个树种。其中阔叶树种主要有荷木、藜蒴、苦楝、相思、桉树和各种水果，此外还有属国家保护的树种如格木等。针叶类以松、柏、杉为主。天然次生林以常绿阔叶树为主。常见树种有樟科、山茶科、大戟科、含羞草科、苏木科、壳斗科、桃金娘科、桑科、楝科等，棕榈科及攀藤植物也常见到，热带的柚木、母生、团花等树种也能生长（鹤山县志编纂委员会，2001）。这是鹤山县志中第二次有关鹤山树木的记载，也是林业主管部门系统进行林业清查后的资料汇总，但并没有发现有相关文献报道，只见于2001年的《鹤山县志》。

新中国建立之前，由于乱砍滥伐和山火频繁，鹤山县境内森林覆盖率极低，到1949年，全县森林面积仅有0.69万hm^2，森林覆盖率仅为6.4%。而且森林分布很不均匀，多数集中于偏远山地或靠近居民点的“风水林”，其余山地多是荒山秃岭（鹤山县志编纂委员会，2001）。可见鹤山历史上人类活动非常频繁，也由于其低山丘陵的地貌，在新中国成立前，森林已经受到非常严重的破坏。

新中国成立后，一直持续到改革开放前的相当一段时间内，我国大部分地区农村农民日常生活所需的薪炭、柴火等几乎都靠山上的芒草、芒箕及少量木材，其间又遭遇1958年“大炼钢铁”及后来连续几次的乱砍滥伐，森林及植物破坏程度更是雪上加霜，林业资源相对来说是比较稀缺的。

为恢复植被和绿化荒山，新中国成立后，连年进行大规模的、有计划的植树造林，到1985年，鹤山全县森林覆盖率提高到22.2%，比新中国成立前增加2.5倍。森林分布特点是：半山腰以上多为马尾松林；河边两岸、塱田、堤岸、坑边、村庄附近及少数低山多为竹林；杉、湿地松和经济林多呈小块状，分布于山腰以下至山脚、山谷或低山丘陵区等；杂树林多分布于村庄附近。靠近城村山地多为人工种植的马尾松、湿地松、杉、桉和竹；偏远山区主要是飞播区，有马尾松和极少的天然杂树林。在现有林地中，主要是中、幼龄林为主，没有连片的成熟林。

据1985年林业清查统计，全县有林地面积1.98万hm^2，其中用材林1.87万hm^2，占林地面积的94.4%，经济林0.08万hm^2，占林地面积的4%，竹子0.03万hm^2，占林地面积的1.6%。同时有关鹤山主要用材树种及分布区域也有一些描述。

马尾松林：1985年约有0.8万hm^2。分布于皂幕山西部，宅梧飞播松林和双合云宿山飞播松林区，有0.067万hm^2；鹤城、址山、云乡、雅瑶、共和约 0.25 hm^2；古劳的丽水，龙口的粉洞、贤洞等地区约 0.15 hm^2；其余分散于全县各地。

湿地松林：1980 年开始大面积发展，1985 年有 7 333 hm^2。主要分布于国营合成华侨农场，有 7 300 hm^2；宅梧、双合公路两旁约有 1 667 hm^2；县境内广湛公路沿线分布长 50 km，宽 5 km 工程林，有 1 467 hm^2；其余分布于各乡镇。

杉木林：新中国成立前宅梧云益村、牛塘村有杉木林 1.4 hm^2，新中国成立后的 1960 ～ 1970 年，山区社队和国营林场大力发展杉木，到 1985 年全县杉木林面积 2 933 hm^2，主要分布在皂幕山、云宿山等偏北山区。其中，宅梧镇的漱云、泗云、上沙、下沙等地有 967 hm^2；龙口镇的贤洞、粉洞林场有 867 hm^2；四堡林场有 667 hm^2；鹤城镇井底林场、云乡老鼠尾林场、双合云宿山林场、雅瑶南靖林场共有 205 hm^2，其余分散于各地。

樟木：新中国成立初期，县内很多村庄后山生长有许多长势好、材积大的樟树，但于 1958 年“土法炼钢”期间基本砍光，只有四堡林场黄茅壁工区牛棚附近仍保存有 0.33 hm^2。目前，樟树全县各地都有，保存较多的是双合的布尚村和宅梧的下沙林场。

格木：零星分布在共和、双合、雅瑶等地区村庄后山林。其中雅瑶的清溪村后山格木林，面积约有 2 hm^2，现存 40 余株。

竹子：鹤山境内各地均有种植，1985 年共有 339 hm^2。其中最多的是址山新陂竹场、县供销社竹场、将军陂下的址山河两岸；龙口镇的龙口河上游至金岗段的河流两岸；桃源镇的桃源河两岸均生长着翠绿的撑篙竹、青皮竹。

茶树：648.5 hm^2，油茶 4.8 hm^2，主要分布于雅瑶的南靖，古劳的茶山丽水，龙口的福迳、青文，宅梧的白水带及鹤城、合成、营顶等地。

水果：94.5 hm^2，以荔枝、龙眼、柑、橙为主，分布于龙口、鹤城、共和、址山、云乡、宅梧、双合、合成等地（鹤山县志编纂委员会，2001）。

另外还有一些与树木直接相关的历史地名的记载，如樟木树，现为云乡云新村民委员会管辖的自然村，距云乡圩约 1 km。据相关记载，清雍正九年（1731 年）陈姓由紫金迁来开村；现为杂姓。因当时该村到处都是樟木树，故以樟木树为村名。“文化大革命”时期，改名向阳村，云乡储良龙眼以该村产的为上品。

四坊，历史地名，位于越塘西南，属沙坪镇越塘村委会管辖，是越塘九里十三坊中的四坊，分别为大朗坊、松背坊、大元坊、望楼坊，简称四坊。故有“先有大朗，后有越塘”之说。其中的松背坊，就因村后满山松树，故名“松背”。

梧冈书院是清道光十七年至十八年（1837 ～ 1838 年），由鹤山县双桥都六个乡的绅民共同集资兴建的。它坐落在宅梧圩西南面，建筑面积 800 多 m^2。院前空地 200 多 m^2，空地前有鱼塘 2 000 m^2，空地、旱地 1 000 m^2 隶属书院。空地与鱼塘之间有 4 棵榕树，枝叶繁茂，相传是建院时所栽，现为鹤山县第三中学校园。照此推算，如果这些榕树还存在的话也有 170 多年了。

从以上关于鹤山市林业资源、古树资源及农业资源和水果种植等的零星记载中可以看出，鹤山林业、植物资源在 1949 年新中国成立前，已经遭受了非常严重的破坏，形成了大面积的丘陵荒山，这时的森林覆盖率仅为 6.4%，由于人类干扰和战争等诸多因素的影响，鹤山境内的原生植被遭受到空前的破坏，植物资源贫乏，更别说是古树了。新中国成立后再经过 1958 年“大炼钢铁”及其后几次乱砍滥伐，幸存的零星植物资源如一些大径材的樟树，也被砍伐殆尽。我们在调查中发现能幸免保存至今的成片的古树或古树群并不多，只在古劳茶山顶的乐安村发现了一小片的古树群，树种主要以本地乡土种为主。其能幸存至今，一方面是由于山高路远，交通不便，最重要的是当时山顶村民的极力反对，才得以幸免。虽然面积不大，所存树种也不多，以华润楠、浙江润楠、粗壮润楠、山牡荆、朴树为主。我们调查中走访了一位种茶的老者，其描述的情形大致与我们的猜测差不多。在共和大凹东胜村，现存一株 500 多年的古樟树，而且周边百年或者近百年的樟树、黄桐等有几十株，形成樟树、黄桐为主的古树群，也是比较罕见的（图 2-10 ～图 2-14），值得好好保护。

（二）《鹤山县志》中对鹤山市古树资源的记载

《鹤山县志》中也记载了一些鹤山的古树名木，这是大部分县域地方志中比较少见的，足以表明鹤山市政府及鹤山人民对古树名木的重视和珍爱。有关鹤山古树名木的记录，在 2001 年编写的《鹤山县志》中有如下记载：

古樟树　在共和大凹西宁里后山，树龄 300 多年，主干高 4 m，直径 2.48 m，胸围 2.31 m，冠幅覆盖面积 1 300m^2，当地人称“樟树王”（图 2-14）。

鸡蛋花王　在共和藏龙村三望口里，树龄 160 多年，高 7 m，主干直径 0.74 m，冠幅覆盖面积 30 多 m^2。

古榕　植于古劳圩侧，树龄 250 年，树高 10 m，冠幅覆盖面积 500 多 m^2，生长茂盛，榕荫浓密，树姿奇特，树根盘曲，

图 2-10　鹤山市古劳镇茶山古树群

图 2-11　鹤山市古劳镇茶山山牡荆

图 2-12　鹤山市古劳镇茶山李氏宗祠

图 2-13　鹤山市古劳镇茶山浙江润楠

图 2–14　鹤山市共和镇大凹东胜村樟树、黄桐古树群（100 ～ 530 年）

众多气根垂地形成一门廊，形似天桥，当地人称“根下行人”。

椎树林　位于鹤城南星乡大坪村，为清雍正年间大坪村建村时村民所植，距今已有 200 多年，面积达 3.3 hm^2，以红椎为主，间有白梅、华锥木和本地稀有的楠木。

格木树　位于雅瑶清溪村后山，面积约 2 hm^2，现存约 40 多株，其中最高一株，高 20 余 m，胸径 1.15 m，冠幅 50 m，为旅居南洋华侨从侨居地带回树种种植于此，经华南植物研究所专家鉴定，树龄在 170 年以上。

香荔　植于双合镇双桥东园村，距今 350 年。现存两株，仍枝叶茂盛，树高 10 m，覆盖面积 0.1 hm^2。相传是从邻县新兴县国恩寺内的名荔引植而来，为鹤山珍稀果品（鹤山县志编纂委员会，2001）。

鹤山水果种植历史同样非常悠久，分布广，种类繁多，其中果树资源丰富，比较著名的有双合、宅梧的荔枝，宅梧选田杧果，沙坪玉桥海联村的石硖龙眼等。这些水果都是南方古树中所占比例较高的种类，也是不容忽视的部分。较为典型的例子如广东省高州市根子镇千年“荔枝贡园”，被誉为“荔枝博物馆”，园中有树龄超过 500 年古荔枝树 39 棵，最高树龄达 1500 多年。在《鹤山县志》农业篇水果类中记载，清朝光绪年间，沙坪玉桥的“培讲堂”龙眼园，水口、泗合的荔枝园，民国时期的陈山荔枝园、大岗乡车山村的荔枝园、龙口“一是园”等，均为水果生产区。同时也记录了两个鹤山传统特色水果品种，这些都可为鹤山古树增添不少地方特色。

选田杧果　为鹤山名产，种植历史悠久。据乡人忆述早在明嘉靖九年（1530 年），有村人从外乡带回果核在当地白石（土名）种植，故名白石杧，由于果味香浓、肉厚甜滑，广为种植并沿植至今，据 2001 年《鹤山县志》记载，当年古树存活的有 110 棵，最高一棵达 15 m，胸径 0.8 m，至今仍叶茂枝繁，老树每株年均结果 500 kg（鹤山县志编纂委员会，2001）。据说，现仍保存老树 20 多棵，树干直径 50 ～ 70 cm，但大多已老化，挂果率低。

东园香荔　为鹤山珍稀水果，产于双合双桥东园村，据传是清顺治年间，村民李卓化于黄矛山（土名）开垦荒地 1.67 hm^2 种植荔枝，后大部分毁于战火，仅存 2 株，距今 350 多年（鹤山县县志编纂委员会，2001）。也有传说是由邻近的新兴县国恩寺六祖惠能手植之千年香荔引种而来。现其母株高 4 丈，树身粗壮，枝繁叶茂；其旁一荔，树龄过 200 年，体亦伟硕，人称“母子树”。两树枝叶交错，荫覆过半亩[①]，蔚为奇观。此两株古荔，虽历遭劫难，但仍顽强茁壮，年年挂果，丰年产量达 1000 kg。

① 1 亩 ≈ 666.7 m^2，全书同。

二、鹤山茶叶种植及其发展历史

鹤山特产中首推茶叶、烟草两种，其次为种桑养蚕，其中的茶叶无论是种植面积、产量和加工、出口量一度位居全省之首。

茶叶是鹤山传统名产，新中国成立前，“古劳茶”“鹤山茶”的名声甚至比鹤山县传播更为广远，为更多的外人所熟知。据地方史载“查鹤山茶业之发源，历史悠久，远在宋元时代已现端倪”，鹤山种茶始于宋代，盛于明清，种茶历史达 700 多年（徐晓星，1993，鹤山县志编纂委员会，2001）。但与鹤山昔日茶叶种植大县相比，无论是文献记载，还是从各乡镇调查摸底的登记材料中，我们都没有发现有古茶树存在的记录，更不用说是成片的古茶园了。甚至有关鹤山茶叶、茶树的记载资料也不多见，这与鹤山几百年的种茶历史似乎不太相符。究竟鹤山古树中古茶树资源现状如何？是否还有尚未挖掘的古茶树资源？能否从中找到一些蛛丝马迹，是这次古树调查中的最大的疑问，也是我们所关注的焦点之一。

鹤山曾为广东茶叶第一县，所产茶叶曾经畅销国内外，是江门五邑地区地理标志产品之一。据相关记载，清乾隆末年，是鹤山茶叶种植、加工、贸易的鼎盛时期，有鹤山茶叶“几占全省输出总量之八九成”的说法，此后因各种原因，茶园面积、茶叶产量有所起落。清末到民国初期一路下降，尽管如此，但直到 20 世纪 60 年代，鹤山茶叶种植依旧保持领先，连续 170 多年保持广东茶业第一县的地位，可见鹤山茶的影响之大，意义之深远。

古有“未有鹤山县，先闻古劳茶” 的说法，鹤山种茶始于宋代，盛于明清。相传宋代有一男一女从福建到古劳的丽水石岩头山洞居住，他们带来茶种，种制青茶。由于能清热解暑，医治百病，深受人们喜爱。这对福建男女死后，丽水人在山头塑造一对石像，以作纪念，后人称“石公”“石婆”，这是有关古劳茶祖先的传说。石岩头有 9 株古老茶树，品质特优，据说就是“石公”“石婆” 所植，称之“宋茶”，据传鹤山古劳茶种均是他们所植的数十株老茶树繁殖而来（方全福，2005）。清乾隆版《鹤山县志》记载“古劳之丽水、冷水，山阜皆植茶，其最佳者，日雨前，生石地者尤良，茶味匹武夷而带芳”，也佐证了这一传说。 从茶叶品种上看，首先是古劳银针，尤其是丽水石岩头所产的“翠岩碧绿” 品质最佳。其次为白水带茶，产于鹤城的白水带山地，为鹤山高山茶的代表。再次是马耳山茶，产于鹤城的马耳山至丫髻山一带，约 200 多年前清乾隆年间，有杨姓 6 户客家人从惠州迁入，在鹤山昆仑山西南的马耳山开荒种茶，后扩展到四堡、黄茅壁、白水带等地。另外就是大山云雾茶，又称白云茶，属高山大树茶，产于皂幕山云天相接的坳谷树丛和岩石缝中，树高一、二丈，叶似云南大叶种，以鹿湖顶、龙潭、黄帝石较多，为县内稀有品种，现已濒临灭绝，急需保护（鹤山县志编纂委员会，2001）。上面有关鹤山茶叶的记载，为我们在挖掘地方古茶资源方面提供了一些参考和依据。

鹤山茶叶不仅种植历史悠久，更有“鹤山茶几乎占全省输出量之八九成” 的茶叶种植、加工、贸易的盛况。清乾隆《鹤山县志》就有关于古劳丽水茶叶种植的记载。清康熙至乾隆年间 (1662 ～ 1795 年)，大批客家人从粤东、粤北迁入鹤山中部山区，开荒种茶，使茶叶种植区域迅速扩大。出现了“无山不产茶，茶市达 60 余处”的鼎盛时期。“茶园 5 333 hm^2，年产毛茶 8.5 万担，年出口 6 万担，鹤山茶几占全省输出量之八九成，其输向地近如南洋，远至欧美”，茶叶成为鹤山县主要特产，“邑中物产唯此可以甲诸郡”。1827 年的《鹤山县志》记载：“近则自海口（古劳北）至附城（鹤城），毋论土著、客家，多以茶为业……”在葵根山、大雁山，也是“一望皆茶树”，“来往采茶者不绝”。这正好与这一时期鹤山人口大幅增长相符（方全福，2005；鹤山县志编纂委员会，2001；徐晓星，1993）。这一时期是鹤山茶叶种植、生产加工和出口贸易的鼎盛时期。

从鹤山茶叶种植区域分布上，据相关史料记载，明以前鹤山茶叶种植主要在古劳都，境内有茶山(原葵根山)、大雁山两大产茶区。清以后，随着大批客家人的入迁，聚集于西北部皂幕山、云宿山一带，形成鹤城、白水带产区。据道光初年鹤山茶叶鼎盛时期的统计，县内茶园面积分布为：附城都（今鹤城）1 920 hm^2，占全县茶园面积的 34.3%；双桥都（今双合、宅梧）1 720 hm^2，占 30.7%；古劳都（今古劳、沙坪、龙口、雅瑶部分地区）1 140 hm^2，约占 20.4%；新化都（今共和、宅梧、雅瑶部分地区）820 hm^2，约占 14.6%（鹤山县志编纂委员会，2001）（图 2-15）。

从鹤山茶叶种植、加工、贸易的辉煌历史上看，其大规模垦荒种茶的历史从明、清开始，直至民国初期，大面积开发种植茶叶的时间长达 200 多年，对丘陵山地的开发利用可谓空前，从上面的文字记载可以略知一二，如鹤城、古劳、白水带直到大雁山一带丘陵山地大部分都已开发种植茶叶，但进行鹤山古树调查时，并没有发现大量古茶树、古茶园的存在，这与鹤山昔日茶叶种植生产的盛况有点不太相符。

图 2-15　鹤山市古劳镇名茶——古劳银针

第三章　鹤山古树名木资源调查与分析

第一节　鹤山古树名木资源调查

我们在对鹤山市古树名木调查过程中，主要参照2001年全国绿化委员会、国家林业局下发的《全国古树名木普查建档技术规定》。调查的主要内容包括树种名称（科、属）、所处位置（包括地名、GPS定位信息）、树龄估测、树高的测量（测高仪）、胸围、冠幅的测量（胸径尺、皮尺）、生长势、树木特征及其保护状况描述等。同时在调查时进行随机访谈，如访问村中老者，了解古树名木的一些历史、人文信息。与周边围观的村民进行交流讨论，或者是对树木邻近的居民进行采访，同时查阅相关文献资料进行综合分析等。

一、对已在册登记的古树资源进行补充调查以及重新登记确认

2004年由鹤山市林业局组织调查，进行了造册登记并且有统一编号的古树共有53株，名木未见。但挂牌至今十多年过去了，目前这些古树究竟有多少仍然存活？有多少已经死亡？其死亡的原因是什么？对于现存的古树，生存状况如何？保护和管理措施怎样？都是本次调查中要解决的问题。在对此部分古树进行调查时，我们只对原资料进行鉴别及补充信息，尽量采用原来调查结果，只是对这些已登记在册的古树逐一进行重新核查、鉴定，补充完善部分信息如GPS定位信息、树高、胸径、冠幅的测量等，对已经死亡或损毁的古树进行重新登记确认。

二、对于新增加的古树资源则进行每木调查

由于调查采用每木普查的形式，按照逐村、逐单位、逐株进行实地调查实测的原则。在进行全面调查之前，先由鹤山市林业主管部门对鹤山市古树资源进行了一次全面的统计摸底工作。在各乡镇林业站协助下，以村民委员会为基本单元，收集了最基础的古树资源资料。该工作已于2013年初，由鹤山林业局按照古树名木普查建档技术规定的要求，制定相关表格，发放给各乡镇林业站，由基层林业站牵头进行了一次逐村摸底登记工作。在此基础上，我们组织人员，对收集上来的古树进行逐株排查、测量，最终完成了鹤山古树名木每木调查工作。

（一）树种鉴定

调查中大部分树种为常见种类，基本上能现场进行鉴定确定树种名，调查完成后对整株的株形进行拍照记录，对有花、果的，均需进行拍照。对个别现场不能确定的的种类，尽量采集叶、花、果或小枝制作标本，通过标本对比及专家鉴定，确定种类名称。

（二）调查记录

逐项记录每株古树的具体位置，小地名至自然村，单位内的则填单位名称及位置，用GPS定位仪定位，记录经纬度等信息。树龄信息确定，按照古树名木普查建档技术规定可分三种情况，凡是有文献、史料及传说有据可查的可视作“真实年龄”；有传说，无据可依可查的可作为“传说年龄”；其他则视为“估测年龄”。估测前要认真进行走访，并根据各地制定的参照数据依据类推进行估算。树高的测定用测高仪实测，记至整数；胸围（地围）测定，乔木测量其胸围，灌木、藤本测量其地围或者基径，取整数，冠幅分“东西”和“南北”两个方向测量，以树冠垂直投影方向确定冠幅宽度，计算取平均数，取整数，并记录古树的生长现状。

（三）历史资料搜集及社会资源收集

2001年由广东人民出版社出版发行的《鹤山县志》，是新中国成立以后较全面记录鹤山历史资源的一本地方志，其中有不少鹤山植物方面的记载。其他信息资源包括鹤山市图书馆的一些馆藏资源，其中包括大量的本土作品如《鹤山史话》《鹤山春秋》《鹤山客家史》《小城故事——鹤山》《陈山村史》《雅瑶文史》《共和镇志》等。甚至包括《鹤山县志》乾隆版（手抄本）影印件，中央电视台拍摄的《中国古树》，优酷网上有关鹤山树木的纪录片段“讲事讲物”等的视频资料。

（四）其他信息资源

包括有关古树树龄信息采访，相关传说、历史故事、人文信息等。通过访问旁人、老人的方式进行。作为古树调查的重要信息进行收录，有利于进一步挖掘古树资源及其蕴藏的历史人文信息，赋予古树更多的含义。

第二节　鹤山古树名木资源分析及其人文历史

一、《鹤山县志》中记载的鹤山古树调查及现存状况

《鹤山县志》2001年版中有一段有关鹤山古树的记录，共记录了鹤山古树4株，古树群2处，这是第一次有文字记载的鹤山古树（表3-1）。

表3-1 《鹤山县志》中记载的古树现状调查表

树种	树龄（年）	地点	目前状况
樟树	300	共和大凹西宁里后山	保存至今，树龄至少530年以上
细叶榕	250	古劳圩侧	保存至今，长势好
鸡蛋花	160	共和藏龙村三望口里	被挖或者死亡
荔枝	350	双合镇双桥东园村	自然枯萎死亡
椎树林	200	鹤城南星乡大坪村	保存至今，古树较少
格木林	170	雅瑶清溪村后山	保存至今，有百年格木多株

通过现场调查核实，《鹤山县志》2001版记载的古树中有共和镇大凹西宁里后山的樟树、古劳镇古劳圩的细叶榕还保存至今，而且这两株古树目前生长状况较好。其中共和镇大凹的樟树估算树龄至少在530年以上，是本地区最大的一株樟树，在广东乃至华南地区都是比较罕见的。相比广州沙河天平架的古樟树，树龄约400年左右，胸径为140 cm，而共和这株樟树胸径达262 cm，约为前者的一倍，要8个人才能合抱。而且周边超过百年以上的樟树还有多株，整个小山坡上也主要以樟树、黄桐为主，树龄约80～120年，数量有几十株，估计为这株古树的种子繁育的后代，可作为古树群加以保护。对于如此珍稀的古树资源，虽然被列为共和镇中小学德育教育基地，但就其保护措施来说，显得明显不足：树干周边堆放大量杂物，树中间分叉部位也有大量杂物，甚至有其他植物生长，这都极容易滋生白蚁及其他虫害，而且随意堆放杂物也容易引发火灾，造成不可估量的损失；其次是管理方面，除极为珍稀的一级古树樟树王，还有百年或近百年黄桐、樟树等几十株，而旁边则被围闭成一个养鸡场，不利于对这些资源的保护。而位于古劳圩侧的细叶榕，横跨路面，形成一个拱门，见证了人来人往的古劳圩镇的变化沧桑，但由于乡村发展，古树已经被水泥路面所包围，而且受周边房屋所压迫，幸亏榕树生命力强，才得以保存至今。其余两株如共和镇藏龙村的鸡蛋花、双合镇双桥东园村的荔枝树已经死亡，特别是350年的荔枝，在2004年登记注册时还是保存完好的，但此次调查发现已经死亡。两处的古树群仍保存完好，但记录中雅瑶清溪村后山的30多株格木，目前现存量并不多，最大的几株受雷击，枝头已经开始枯萎，树体也有开裂、受白蚁等的危害也比较严重，保护状况同样不容乐观。鹤城南星乡大坪村古树群虽然目前仍然存在，但干扰较大，已经遭受过破坏或者是曾经被砍伐过，目前虽然仍然保留以米槠为主的纯林，但大部分树龄在60～80年左右，未见有记载的车辕木（红车）、楠木等种类，超过百年的古树现存量也不多。

另外，在《鹤山县志》2001年版农业篇中，我们也发现鹤山的杧果、荔枝、龙眼等水果的种植历史非常悠久，早在清光绪年间，就有鹤山沙坪玉桥的“培讲堂”龙眼园。其中不乏东园香荔、选田杧果等鹤山名产，县志中也有当年老芒果树仍存活的有110株，至今每年仍开花结果的记录。另外也记载了鹤山市双合镇双桥村有350多年老荔枝树2株。但几经走访，并没有发现这些古树资源的存在。

二、鹤山市第一批古树的复查及现状分析

早在2002年鹤山市林业局就开展了对该市古树名木的调查建档工作。共有登记在册的古树53株（名木暂无），

分布在鹤山市城乡 10 个镇，其中比较重要的古树资源包括：共和镇大凹村 1 株，树龄达 520 多年的老樟树，为国家一级古树。另有 300 年以上的二级古树 6 株，分别为原双合镇（现宅梧）泗合东园村后山 1 株古荔枝树，树龄达 400 多年，原合成镇（现宅梧）川塘永乐村边 1 株 350 年的古樟树，原合成镇（现宅梧）凤凰村吉塘村 1 株 320 多年的樟树，雅瑶镇清溪村后山 2 株 320 多年的格木，鹤城镇东风村 1 株 350 多年的细叶榕及址山镇树下村 3 株 270 多年的红桂木（后鉴定为见血封喉）。隶属于 5 科 5 属，古树中大部分为细叶榕，共 40 株，占 75.5%。古树资源不仅数量上极为稀少，而且种类上也非常单一，仅有细叶榕、高山榕、荔枝、土沉香、樟树、见血封喉、格木等 7 个树种。调查完成后于 2004 年进行造册登记，统一编号。

对 2004 年鹤山市公布的第一批古树名木，我们也进行了逐株调查，发现死亡或者被盗古树 7 株。其中细叶榕 3 株，分别位于古劳镇麦水圣塘咀村、鹤城镇东坑东凤村和龙口镇协华小学内；荔枝 2 株，分别位于双合镇泗合东园村和合成凤凰村云罗咀河边；土沉香 1 株，位于双合镇双桥莲村；樟树 1 株，位于合成凤凰村吉塘村。鉴定命名错误的古树 3 株，为址山镇树下村的 3 株见血封喉，原来鉴定为红桂木，在《鹤山树木志》中已作修正。另外调查发现位于宅梧镇靖村果园村的 1 株细叶榕，树龄 170 年左右，其实是两株树，原生的树木并非细叶榕，而是当地村民称为“文飘树”（意译）的，其学名为倒吊笔。不是走访当地村民，调查时是很容易被忽略的，原来细叶榕是后来寄生在倒吊笔上，已经差不多将整株树层层包围了，但幸亏没有完全将原来树木绞杀死，形成民间所说的“夫妻”树。在调查采访中，访问了村中的一位老者，从其描述得知，从开花季节、花形等方面的特征，他们所说的这株树实为“文飘树”，而外面的细叶榕是后来寄生的。倒吊笔树龄约 170 年，外面寄生的细叶榕估计也有百年左右（表 3-2）。

在对这一批古树的调查中，我们发现了一些问题，如对古树的保护工作仍然重视不够，大多数古树处于自生自灭的状态，周边乱堆杂物，甚至成为了垃圾堆放的地方。人为破坏、偷窃珍贵树木等现象时有发生，如双合镇泗合东园村后山一株 400 多年的古荔枝树已经枯死了。荔枝原产我国，是本区域最为常见的果树品种，其中不乏几百年甚至上千年的古树，在广东高州的荔枝贡园内 500 年以上的古荔枝树，仍然每年开花结果，关键是要加强保护，进行适当管护和复壮。2013 年发生在双合镇西金竹村的百年沉香被不法分子盗砍现象，该树被连根挖起，只剩裸露的根部，确实令人触目惊心。不少古树长势较弱，被病虫害危害现象也比较普遍，缺乏对古树名木病虫害监测防治等相关管护措施。

表 3-2　鹤山市第一批古树名木现状调查表

编号	树种	树龄（年）	地点	现状
13060001	细叶榕	110	古劳镇村心村一社	现存
13060002	细叶榕	130	古劳镇丽水村村头岗头园	现存
13060003	细叶榕	140	古劳镇古劳村心树下行人	现存
13060004	细叶榕	150	古劳镇古劳村西便村中	现存
13060005	细叶榕	150	古劳镇丽水村村头岗头园	现存
13060006	细叶榕	150	古劳镇麦水村圣塘咀村中	死亡
13060007	细叶榕	140	古劳镇上升村前进村中	现存
13060008	细叶榕	140	古劳镇上升村前进村中	现存
13060009	细叶榕	110	龙口镇协华村协华小学内	死亡
13060010	樟树	110	龙口镇霄南村东门社东门楼	现存
13060011	细叶榕	110	龙口镇粉洞村村中村小河边	现存
13060012	细叶榕	120	龙口镇碰寥村天堂村口	现存
13060013	细叶榕	140	龙口镇五福土兰村中	现存
13060014	樟树	350	合成镇川塘永乐村边	现存
13060015	细叶榕	150	合成镇凤凰村马步毡村后	现存
13060016	荔枝	140	合成镇凤凰村云罗咀河边	死亡
13060017	樟树	320	合成镇凤凰村吉塘村道边	死亡
13060018	土沉香	110	双合镇双桥村莲村村后山	死亡
13060019	细叶榕	120	双合镇双桥村莲村村口	现存

（续表）

编号	树种	树龄（年）	地点	现状
13060020	荔枝	400	双合镇泗合村东园村后山	死亡
13060021	细叶榕	160	宅梧镇靖村果园村中	现存，中间 1 株为倒吊笔
13060022	细叶榕	150	宅梧镇上沙村东门村后山	现存
13060023	细叶榕	150	宅梧镇上沙村 坝村村口	现存
13060024	细叶榕	120	宅梧镇双龙村沙上村边	现存
13060025	细叶榕	150	宅梧镇双龙村沙上村后山	现存
13060026	高山榕	170	宅梧镇双龙村沙下村后山	现存
13060027	细叶榕	140	鹤城镇鹤城村上水浪	现存
13060028	细叶榕	120	鹤城镇先锋村麦屋村后	现存
13060029	细叶榕	130	鹤城镇小官田村吉村村前	现存
13060030	细叶榕	120	鹤城镇东坑村东凤村前	现存
13060031	细叶榕	350	鹤城镇东坑村东凤村前	死亡
13060032	细叶榕	110	址山镇昆阳村那朗村后	现存
13060033	红桂木	270	址山镇树下村村中	现存
13060034	红桂木	270	址山镇树下村村中	现存
13060035	红桂木	270	址山镇树下村村中	现存
13060036	细叶榕	105	址山镇龙田村岗津村前	现存
13060037	细叶榕	128	址山镇凌村大康村前	现存
13060038	细叶榕	110	址山镇廊村三田村边	现存
13060039	细叶榕	110	址山镇莲塘村上黄村前	现存
13060040	细叶榕	105	沙坪镇中山路榕园酒店	现存
13060041	细叶榕	120	沙坪镇楼冲何姓村中	现存
13060042	细叶榕	120	沙坪镇杰洲村村口	现存
13060043	细叶榕	120	沙坪镇汇源村水口村前	现存
13060044	细叶榕	160	沙坪镇玉桥原里	现存
13060045	樟树	520	共和镇大凹村东胜村	现存
13060046	细叶榕	110	共和镇来苏村公路边	现存
13060047	细叶榕	130	共和镇大凹村新一关帝庙后	现存
13060048	细叶榕	120	共和镇南坑村南庄村前	现存
13060049	细叶榕	110	雅瑶镇雅瑶村清溪村后山	现存
13060050	格木	320	雅瑶镇雅瑶村清溪村后山	现存
13060051	格木	320	雅瑶镇雅瑶村清溪村后山	现存
13060052	细叶榕	130	共和镇昆东村泊步村前	现存
13060053	细叶榕	120	雅瑶镇古蚕村大村村边	现存

三、鹤山古树名木的一些视频介绍及其蕴藏的人文历史故事

除对现存古树名木资源进行调查分析外，我们也尽可能的查阅一些文献资料，除了上文提及的鹤山图书馆馆藏的一些本土作品如《鹤山史话》《鹤山客家史》《鹤山春秋》《鹤山家园》《昆山鹤影》等，记录了大量鹤山的历史、人文故事，从中可以寻找某些与鹤山古树相关联的线索，进一步挖掘蕴藏在古树背后的更深层次的内涵。此外，我们也通过网络资源搜寻一些鹤山古树的足迹，并从中发现了鹤山有不少热心人士特别关注鹤山的植物，如优酷网上有个名为“鹤视王子”的用户，是鹤山电视台的一位资深记者，他开辟了一个栏目叫“讲事讲物”，用视频的方式记录下

了鹤山市内许多有趣的植物、人文、风俗及各种各样的活动，内容包罗万象、丰富多彩，也包括了很多古树资源的调查采访视频，其中讲述古树的视频就有：鹤山最大的两棵竹柏树、鹤山雅瑶清溪村格木林、鹤山宅梧靖村有棵几百年的水松、鹤山宅梧宅朗村古榕树、鹤山龙口古造村百年香樟、古造村老樟树枯木逢春成一景、鹤山发现一片车辕木林、雅瑶镇3株二百多年松树、穷乡僻壤的山村发现一棵三百多年沉香树等，其中包含了对这些古树的视频记录及人物的采访介绍，给鹤山古树资源的整理增加了部分一手资料。鹤山古树及其中蕴含的一些历史人文信息或者是传说，与古树资源一样，同样值得细细地品鉴和认真地挖掘，本文只是结合有限的资源进行了整理和分析，为进一步深入挖掘和保护这些古树资源提供一些素材。

（一）鹤山龙口古造村古樟树“枯木逢春成一景”

鹤山市龙口镇三洞村，沿省道旁有一条小溪河（俗称三洞河），源自鹤城昆仑山，向东流向金岗圩最后汇入龙口河。三洞村四面环山，山清水秀，八条自然村围绕四周丘陵山地而立。据说该村是在南宋咸淳二年（1266年），由李姓先祖自南雄珠玑巷迁居至禄洞乡，随后分支迁入三洞古造等地，沿小山坡分布聚居。在广东省历史地名旧行政区域中，禄洞乡是今马山、富屋、船岗、旺龙、甘棠、蟠光、中心、中胜、龙溪等村民委员会以及龙口镇古造村等地方的统称。置村时，宅舍均建于山坑朝阳处，因地貌而得名。

在古造村，一棵有数百年历史的樟树，相传为明朝万历年间所栽（按此推算，树龄约400多年）。虽然树身内部被烧空，但依然存活至今。这棵古樟树生长在古造村中央，周边被房屋环绕，虽然树身全部已经中空，只剩下伤痕累累的树皮及表层部分，但树顶部绿叶盎然、生机勃勃。树根处却开了一个大洞，两个人可以同时从洞口钻进树内，也可从树干内部直望天空，形成一线天的景致。在树干内，仔细察看，仍然可见烧成漆黑的已成炭化的痕迹。事情发生在1957年，因为该村的3个小孩在树边玩，发现这株树上有一个黄蜂窝，调皮的孩子们就点火想将树上的蜂窝烧下来。谁料这株树已是几百年的老树了，虽然长得非常茂盛，但其实树干已经被白蚁蛀成中空，因此引发了一场火灾。虽然经过村民集中扑救，但由于古樟树树干内部已经干枯，大火虽然被扑灭，但在树干内部仍然一直在燃烧，被烧一天多才最终熄灭，其后10多天内树干内部仍有积碳在燃烧，造成古樟树主干四分之三被烧空，中间成为一个空洞。虽然历经火灾，但这棵古樟树却出人意料地再次长出嫩叶，重新焕发生机（图3-1）。

据当地村民介绍，这棵树可能比该村的历史还要长久，相传明朝万历年就已经存在。茂盛时期，枝叶可以伸展出去二三十米。2013年，由该村村民自发筹集资金，对这株古樟树进行保护。在其周边垒起了大约一米多高的泥墙，保护已经裸露的根系，在外围建设围墙保护古树树根。建造了步行梯级，村民可以从步行梯上下，近距离接触这株饱经风霜的老樟树。由于树干已完全中空，树身还用三根电线杆进行固定，防止风吹雨打等造成树木倒伏。此前由于保护意识差，缺乏管理，古樟树四周杂草丛生，根部的泥土也被挖空，大部分主根已经裸露，树干和树枝上还爬满了各种的攀缘植物，古树生存现状令人担忧。近年来，随着人们意识的提高，村民们开始积极对这株古树进行复壮保护，

图3-1　鹤山市龙口镇古造村樟树（300年）

使这株古树重新焕发生机。古樟树不仅见证了古造村的发展历史，也蕴含了很多村民共同的记忆。如今，古香樟树更加成为了该村的一景，所谓“枯木逢春成一景”。

（二）鹤山古劳水乡的古榕树独树成荫的古树奇观

古劳镇位于鹤山市东北部西江下游河畔，是珠江三角洲现存较好的原始水乡，被誉为“东方威尼斯”。据《鹤山县志》记载，古劳水乡至今已有600多年历史，在明洪武二十七年（1394年），古劳人冯八秀奉旨兴建古劳围，使古劳从滩涂泽国逐渐变成美丽的岭南“围墩”。围墩内鱼塘、河网、道路纵横交错，小艇穿行如梭，两岸蕉林摇曳，万亩鱼塘似明镜耀目，千顷桑地如绿海翻波，村落、流水、石桥、古榕散落其中，一派旖旎的南国水乡风光（图3-2）。

图3-2　鹤山市古劳水乡风情（左）鹤山古劳水乡古榕树（约100年）（右）

在古劳水乡，如“小桥流水人家”般的迷人景色随处可见。桥自然是不可或缺的景致，石板桥在水乡人中俗称“石路”，大多已超百年，在几十年前仍然是水乡人的主要交通道路。如果说桥是水乡必然的风景，那榕树可谓是水乡独特的风景，乡里老人说，榕树是长命树，人们都叫它“不死树”，水乡的古榕大多也都在百年以上，根深叶茂，绿叶婆娑，婀娜多姿，有的孤芳自赏，有的知己相聚，绿荫下则成为人们茶余饭后消遣娱乐，乘凉避暑的好地方。榕树就好像一个个小绿洲，绘就一幅乡情浓郁、景色独特的岭南水乡风情画（图3-3、图3-4）。

图3-3　鹤山市古劳镇上升古榕树（约100年）

图 3-4　鹤山市古劳镇水乡及古榕树（约 150 年）

古劳比较出名的古迹有坡山及坡亭怀旧。据清嘉庆年间重修的《大清一统志·肇庆府坡亭》载：“宋绍圣中，苏轼谪官过此。值江涨，留数日，居民幕之，筑亭于上，遗址尚存。”说的是在宋绍圣四年（1097 年），苏东坡被贬琼州，乘船经古劳石螺岗时，恰遇西江水涨，泊舟登岸休息数日，当地居民出于对一代文豪苏东坡的敬仰，将石螺岗所在的村庄命名为“坡山”，并在西江边岩石上刻上“坡公泊舟处”五个大字，而且建亭纪念，命名“坡亭”（徐晓星，1993；鹤山县志编纂委员会，2001）。坡亭面对浩瀚的西江，为历代名人墨客赋诗吟诵、驻足仰慕之胜地。现留有古榕、钓台、东坡亭、朝云亭等遗迹，为鹤山市市级文物保护单位。

古劳圩始建于明初，距今约 500 年历史，由古姓和劳姓从外地迁移到此定居建圩，故名古劳。明及清初隶属新会，清雍正十年（1732 年）为鹤山县古劳都。据 2001 年《鹤山县志》载，在鹤山古劳村村心街古劳圩侧，有一棵古榕，相传有 250 多年历史。十多年过后，这株古榕树依然生长得非常茂盛，树高 10 多米，冠幅覆盖面积达 500 多 m^2。这棵古榕树长在古老而又狭窄的村心村古劳圩街道中心，虽然现在已经很难看到当年老街的繁荣，但几百年前这里曾经是通往鹤眼、大地木、东便（古地名，现名不详）和双桥的必经之路。古榕树的树根横跨街道，主根大部分已经裸露出地面，周边被水泥路面覆盖。一条巨大的气生根横跨街道，估计树的另一侧是由须根发育形成的，在一座楼房前的水沟处落地生根，形成另外一条较小的主干，犹如游龙相戏，也似大蟒缠绕结成一个坚固的闸门，中间可让人马车通行，游人至此无不驻足观赏，赞叹不已。古榕生长茂盛，榕荫浓密，树姿奇特，树根盘曲，虽然历经 250 多年，但众多气根垂地形成一个门廊，形似天桥，浓密的须根随风飘荡，恰似一幅门帘，当地人称“树下行人”。古榕犹如一位须发飘逸的老人，见证了鹤山古劳水乡建设的沧桑历史和现代繁荣发展过程，是不可多得的地方自然历史资源（图 3-5）。

图 3-5　鹤山市古劳镇古劳村的“树下行人”古榕树（150 年）

（三）鹤山唯一的一株水松，犹如天然大盆景

水松是珍贵的孑遗植物，也是中国特有的单种属植物，为古老的残存种，属国家一级保护植物。在世界自然保护联盟濒危物种红色名录（IUCN 红色名录）中定为极危物种。据相关报道，分布在中国的野生水松总株数不到 1000 株，而且数量还在不断减少。中国以外的水松则更少，只在越南得乐省（Dak Lak）还

存在两个水松群体，数量低于 200 棵。我国仅在广东、广西、福建和江西等地有零星野生分布，如广东省怀集县发现的 11 株野生水松曾经一度轰动国内外植物学界。而树龄达百年以上的水松，更是不可多得的珍稀资源。国内报道的野生水松种群数量非常稀少，在福建省三明市现存种群面积约 0.8 hm^2，树龄 700 年，平均胸径 45.4 cm，平均树高 9.5 m；福建省屏南县现存种群面积约 6 hm^2，树龄 300 年，平均胸径 50.2 cm，平均树高 13.2 m；江西省上饶市现存种群面积约 0.4 hm^2，树龄约 800 年，平均胸径 62.8 cm，平均树高 18.3 m；江西省余江县现存种群面积约 0.25 hm^2，树龄约 400 年，平均胸径 35.9 cm，平均树高 13.6 m（吴则焰等，2011）。在广东省韶关市南华寺内有 9 株水松，其中 3 株已经枯萎，最高的一株，据专家考证已经近 500 年。在《中国珍稀濒危动植物辞典》有关水松记载："广东南华寺现存有 7 株大树，树龄已有千年，是我国特有的树种和古老孑遗植物。"也有研究人员对这些水松进行采样，测定其树木年轮，但准确测量数据与推测种植年代相差甚远，如表 3-3（李平日等，2004）。

表 3-3　韶关市南华寺水松年龄推算表

编号	胸径（米）	树高（米）	生长情况	实测树轮（年）	推测种植年代	树龄（年）
1	1.10	16	基本枯萎	264（未到树芯）	明正德十四年	485
2	0.6	16	基本枯萎		清康熙初年	约 340
3	1.02	16	长势中等	456（未到树芯）	明正德十四年	485
4	0.96	15	基本枯萎	300（未到树芯）	清康熙初年	约 340
5	0.96	15	基本枯萎	294（未到树芯）	清康熙初年	约 340
6	0.29	12	长势良好	84（未到树芯）	清同治末年	约 130
7	0.96	15	基本枯萎	327（未到树芯）	清康熙初年	约 340
8	0.89	15	长势中等	253（未到树芯）	清康熙初年	约 340
9	0.84	20	完全干枯		清康熙初年	约 340

在鹤山市宅梧镇靖村的东约村水塘边生长着一株水松，犹如巨大的盆景，正好在村口位置，显得特别的耀眼。树高 9.2 m，胸径 65 cm，树干粗壮，需两个成年人合抱。古树生长在一座民房边上，树根受房屋墙身所压迫，生存空间受到极大的限制，由于没有这株树的相关记载，从广东省韶关市南华寺水松年龄推测研究，比较国内其他地区报道的水松种群的树龄情况，我们初步估测了这株水松的年龄约为 300 年左右，是目前广东现存水松中比较少见的。其长势较好，但树冠顶部已经开始出现一些枯枝（图 3-6）。

东约村村民把这株水松视作保佑一方的"风水树"，十分爱惜，并且代代相传，使高十多米的水松经历几百年风雨，依然长势旺盛，甚至没有衰老退化迹象。据东约村族谱记载，这株水松是该村祖先从外地带回种子种植的，树龄至少

图 3-6　鹤山市宅梧镇靖村东约村水松（约 300 年）

在200年以上。近10年来，由于古水松数量稀少，身价倍增，经常有外地商人来打这株古水松的主意。我们调查时听旁边的老人说起这株树，据说很多年前，曾经有位外地老板开价几百万元，欲购买这株水松，但遭到当地村民的强烈反对，因为村民知道水松是国家的保护植物，保护它也是东约村村民的一份责任，因此不靠卖水松赚黑心钱。现在，这株老水松已经成为东约村一景，每年都会吸引不少人前来参观。据说曾经有位外出香港几十年的老华侨，想落叶归根，回来时就是靠这株水松树来认定自己的家，最终找到自己的故乡。说明在村民心中，这株水松早已成为了东约村的标志。

笔者曾经多次来此调查考察，发现虽然是几百年树龄的老树，但仍然可以开花结果，建议收集种子，进行一些繁育试验，扩大和保护该种群。

（四）共和镇大凹关帝庙与古榕树、东胜村的“樟树王”独成鹤山一景

鹤山境内曾有20余座关帝庙，但目前保存尚好的只有共和镇大凹村的一座，为鹤山八景之一。其始建年代不详，现存为清光绪丙申年(1896年)由当地绅民集资在旧庙基础上重建的，并在民国三十七年(1948年)修葺过一次。庙宇包括主座、左右青云巷及左右厢房，面积280 m^2。其营造手法与佛山祖庙相仿，是佛山祖庙的微缩版，体现了清朝后期岭南庙宇的建筑特点。这座小小的关帝庙汇集了建筑、雕塑、美术、书法、诗词、楹联等艺术，成为传统文化的一个载体，具有较高的文化价值。庙宇后面有一棵绿叶阴翳的参天古榕树，树龄达140年，映衬着庙宇的非凡气势和历史的厚重，寄寓着关公福荫大凹村的一代代村民（图3-7～图3-9）。

说起关帝庙的来历，还有一段神奇的故事。相传清顺治年间，一班抬着关公像的民间艺人由新会路过鹤山，途经大凹村时，关公像突如泰山压顶，抬不动了，消息不胫而走，当地乡贤倡议并筹集银两聘请建筑大师设计建造了关帝庙。大凹村也叫大坳村，顾名思义，是建在一个大山坳里的村落，山坳低洼，容易积涝。但自从关帝庙建成后，几百年里从没发生过严重的洪涝灾害，风调雨顺，土地肥沃，瓜果飘香。据说1940年，日本侵略者与我游击队在大凹村发生激战，游击队撤退到关帝庙内，日本兵冲进庙内，看到关公怒目圆瞪，杀气腾腾，庙内烟气缭绕，见状落魄而逃，游击队才得以幸存。2010年2月，中央电视台中文国际频道《远方的家·沿海行》摄制组来到鹤山市共和镇大凹村的关帝庙拍摄外景，并以此为视角，选取大凹关帝庙为侨乡风土人情的题材，盘点五邑地区的自然与人文风景，向海内外观众展现著名侨乡江门的风采。

除此之外，据闻鹤山市共和镇大凹村还有一株全省树龄最长的古樟树之一，该树位于共和镇大凹东胜村北，树主干粗壮，周长逾9 m，8人手拉手才能环抱树身一周。在主干3 m高处开始分成多个分枝，其中最大的一个分枝早已枯萎死亡，只隐约可见被虫蛀的树桩，在上面可同时站立10多人，冠幅覆盖面积达1 300 m^2。古樟树旁边还有多株达百年左右的樟树，枝繁叶茂，散落在离主干20多m范围内，估计为此株古樟树所结种子萌发而成。在2001年版《鹤

图3-7　鹤山市共和镇大凹村关帝庙及古榕树（140年）

图 3-8 鹤山市共和镇大凹村关帝庙的雕刻

图 3-9 鹤山市共和镇大凹村关帝庙

山县志》中也记录了这株古樟树，当时记录树龄约 300 年，但有关专家推断，树龄至少 500 年以上，属国家一级古树，在广东省内也是比较罕见的。比较广州市天河区沙和路记录较早的一株樟树，胸径为 1.4 m，树龄是 400 年，而鹤山这株樟树胸径达 2.62 m，从胸径来看多出近一倍，树龄肯定在此之上。与广州市萝岗区火村小学内广州最大最老的樟树相比，胸径达 2.7 m，从胸径上与鹤山市共和镇古樟树相近，而广州市这株樟树鉴定树龄约 901 年，两者树龄相差几百年。但由于早无历史资料记载，真实树龄只估测为 530 年以上。早在 1998 年初，鹤山市共和镇政府和大凹村委会就拨出专款对该树及周围环境进行了修葺清理，实行重点保护，与不远处关帝庙成为鹤山市共和镇的一道风景。此外山坡上分布植物种类主要以樟树、黄桐为主，大部分樟树树龄约 70 ～ 80 年，也可作为古树的后备树种加以保护。但调查中我们也发现，古树旁边随意堆放树枝等杂物，主干分枝处也长了几株海芋，已经有几十厘米高，树身多处发现有白蚁等虫蛀现象，管理和保护措施明显不足。这么罕见的古树资源，希望能加强管理和保护，清除周边杂物及

图 3-10　鹤山市共和镇大凹村东胜村古樟树、黄桐（100 ～ 530 年）

图 3-11　鹤山市共和镇大凹东胜村樟树王（530 年）

树身附生植物，加强虫害防治（图 3-10、图 3-11）。

（五）宅梧镇靖村的百年 “夫妻树”见证了广东人民顽强的抗日斗争历史

鹤山市宅梧镇靖村曾经是抗日战争时期广东省抗战指挥司令部所在地。1944 年 10 月下旬，中共省委临时委员会、省军事委员会根据中共中央指示，命令坚守在珠江三角洲进行抗日武装斗争的珠江纵队的机关和主力，挺进粤中，继续开展抗日游击战争。同年 11 月，挺进粤中的广东人民抗日游击队中区纵队领导机关及主力部队解放了宅梧，进驻靖村乡，司令部驻于余氏宗祠，政治部驻于李氏宗祠。12 月中旬，宅梧举行鹤山县第四区人民代表大会，成立第四区临时行政委员会。同月下旬，珠江、西江、粤中三个地区党政军干部在宅梧镇远香茶楼举行会议，传达了省临委、临军委关于成立广东人民抗日解放军的决定。经中央军委批准，中区纵队的西进部队与粤中地区人民武装合编成广东人民抗日解放军，并于 1945 年 1 月 20 日在宅梧宣布成立。以宅梧为中心，开辟皂幕山敌后抗日根据地，领导粤中地

图 3-12　鹤山市宅梧镇靖村广东省抗战指挥司令部旧址及村口古榕（100 年）

区抗日武装斗争和解放战争，为广东全省抗日斗争和解放战争作出了突出的贡献（图 3-12）。

还未进村，远远就能看到村口的一株细叶榕，达百年左右，犹如村中老者，静静凝立在村口，守护着昔日的革命圣地，见证一段段抗日斗争历史以及承载着一个个可歌可泣的动人故事。旁边就是广东省抗战指挥司令部所在地的余、李氏宗祠。进入村中，有一株第一批古树名录中记录的约 160 年细叶榕，远远看去，隐约可见树干长满了寄生植物，本来榕树的树龄达到百年以上，树干及树枝上的寄生植物多种多样，是再平常不过的事了，一般都会被忽略。但是在这株古树里却蕴藏着另外一株树，估计比细叶榕要年长很多。而榕树应该是后来寄生在外面的，已经将原来的树木紧紧包围住了，只在树干的上半部分裸露出部分主干。据当地村民介绍，本地人叫它 “文飘树” （音译），这株被榕树层层包围住的古树仍然年年开花，一到 4、5 月份，满树白色的小花倒挂在树干上，非常漂亮。被这株细叶榕寄生后，达百年而不亡，实属罕见。一般来说，树木被细叶榕寄生后，榕树生长迅速，很快就会将寄主绞杀而枯死，但这株树，被寄生后，还依稀可见树的身影，并从外面重新开枝散叶。经鉴定，这株树是属于倒吊笔属的一个种。两株树目前都长势较好，但如果不加于保护，不久的将来，这株倒吊笔将会被细叶榕所绞杀直至死亡（图 3-13）。

“绞杀现象”是热带雨林中最鲜为人知的生存策略。主要是榕属植物的果实被鸟取食后，种子不易消化，被排泄到其他树木的枝丫或树皮裂隙中。当遇到适宜环境时，这些种子就会萌发，幼小的榕树能产生气生根，沿着寄主树干到达地面，并插入土壤中，这些气生根逐渐增粗并分枝，不断交叉、融合，形成网状，最终将寄主树干包住勒紧，抢夺寄主树的养分和阳光。最后寄主植物由于营养亏缺，几乎无一幸免最终导致死亡。在雨林里，榕属植物就是以这种绞杀方式“杀死寄主，取而代之，称雄霸道”的。这种现象不仅仅发生热带雨林中，在南方榕树种植最多，这一现象也十分常见，许多古树由于存活时间长，也往往难逃噩运。如桃源镇仁和村的一棵古樟树，就是由于榕树的寄生，

图 3-13　鹤山市宅梧镇靖村果园村百年“夫妻树”（160 年）

图 3-14　鹤山市桃源镇仁和村的樟树被绞杀现象（120 年）

两株古树看似相互依偎，其实已经是暗藏杀机（图 3-14）。

（六）址山镇昆阳树下村罕见的见血封喉

见血封喉又名箭毒木，多生于热带季雨林、雨林区域，主要分布于广东（雷州半岛）、海南、广西、云南（南部）。相传最早发现见血封喉汁液含有剧毒的是云南西双版纳的一位傣族猎人。一次，这位猎人在狩猎时被一只硕大的狗熊紧紧追逼而被迫爬上一棵大树，可狗熊仍然紧追不舍，在走投无路、生死存亡的紧急关头，这位猎人急中生智，折断一根树枝刺向正往树上爬的狗熊，结果奇迹发生了，狗熊立即落地而死。从那以后，西双版纳的猎人就学会了把见血封喉的汁液涂于箭头用于狩猎。见血封喉富含乳汁，无论是树皮树枝等，一旦受损就会流出大量白色汁液，含有剧毒，一经接触人畜伤口，即可使中毒者心脏麻痹，血管封闭，血液凝固，以至窒息死亡，是世界上最毒的树。

在中央电视台拍摄的大型纪录片《中国古树》中，记录了海南省儋州市军屯村的一株见血封喉古树，树龄达 800 多年，树高 25 m，胸围最大处达 13 m，是目前现存最为古老的一株见血封喉。相传为东汉光武帝建武年间，伏波将军马援率兵息乱平蛮，屯军儋州时所种。在海口市云龙镇多加村的一株见血封喉树高 32 m，胸围周长 6.5 m，树龄超过 500 年。而鹤山市址山镇树下村的三株见血封喉，树高 15 ～ 23 m 之间，胸径约 1 m（胸围周长 6.28 m），与多加村的 500 多年古树胸径相似，树龄鉴定约为 280 年。非常遗憾的是其中一株由于受雷击只剩下顶部少量枝条，树冠已经开始萎缩，只剩光秃的主干，虽然没有完全死亡，但我们多次来此调查，亦没有出现恢复的迹象，需加强管理并采取一些措施进行复壮。其余两株长得非常茂盛，树干通直、枝繁叶茂，而且年年开花结果，在周边空地还可以找到一些萌芽的小苗。按自然分布，见血封喉应该是热带雨林中分布的种类，在我国海南、广东雷州半岛等区域分布较多，在鹤山所处的亚热带区域并非其自然分布区域，我们在调查鹤山野生植物资源时，也没有发现其他地方有该种类分布，而且这三株树都种植在房前屋后，距离不远，大小也基本相同，具有明显的引种种植的特征，这可能与当地早期华侨

图 3-15　鹤山市址山镇昆阳树下村的见血封喉（280 年）

从热带地区引种种植有关，但具体引种历史却无从考证（图 3-15）。

（七）鹤山“昆东十七堡”村落历史变迁的“格木林”也是侨乡文化的历史见证者

古有鹤山“昆东十七堡”，雅瑶清溪飞鼠岗格木林，记录见证了鹤山村落历史变迁。“昆东十七堡”是鹤山人常用的历史地理名称，它指的是现在雅瑶镇所管辖的昆东、雅瑶、隔朗、黄洞、陈山 5 个村委会和雅瑶居委会所属的全部乡村和墟市。古时候许多自然村都建有防护性的更楼、门闸，形如碉堡，故称村为堡。十七堡是滘珍堡、那要堡、乌石堡、见龙堡、清溪堡、泊步堡、有祥堡、万受堡、宋进堡、启仪堡、永宁堡、邓初堡、朗溪堡、大盛堡、龙头堡、龙尾堡、云溪堡凝聚成的一个村落群体。据《创建昆东书院碑记》对十七堡的记载“地脉从邑城昆仑山发源，迤逦东驰，数十里至此，水抱山环，灵气所钟”，故又名昆东。昆东十七堡凝聚成一个村落群体，有如下几个因素：

一是地理上的同源，属滘水水系（今称雅瑶河）。滘水发源于南靖山区，流经雅瑶墟、滘珍，转入新会良溪，汇入西江。而十七堡分布在河的两侧，一方水土养一方人，沿河而建的十七堡，在交通基本依靠水路的古时代，人们交流自然比较频繁。昆东书院有一副对联形容这里的地势，“隔朗望松园，步出田心，直水一湾通泊步；清溪环谷岭，攀登那凹，小江三曲入钱塘”，充分说明古时人们依水而居的景象。

二是同根，历史上十七堡人的祖先多数是南宋以后从南雄珠玑巷迁来，人口较密集，邻里相望，鸡犬相闻，各村各姓风俗习惯相同，交往密切，互相通婚。本着守望相助的精神，十七堡先后建立乡约，建立书院，组织地方自卫武装，联合成十七堡团练，保卫一方安宁。

三是语言相通，十七堡人同操一种方言，叫昆东话，语音与新会棠下话相近，而与沙坪越塘话迥异。在清溪村村口，仍然保留着古时建设的更楼和门闸，仅能容一部小车通过，进入村内，古时的石板路、土砖房，古朴而幽静（图 3-16）。

昆东地势平坦，但各村多有小岗，林木蓊郁，最著名的是清溪飞鼠岗的格木林，相传是该村华侨从南洋带种子

图 3-16　鹤山市各地村落古门（牌坊）记忆

图 3-17　鹤山市雅瑶镇清溪村飞鼠岗的格木（180 年）

图 3-18　鹤山市雅瑶镇清溪村飞鼠岗的格木（180 年）

人工栽种而来的，县志记载有高达五六丈的格木 10 余株，胸径 80 ～ 90 cm，尚有小株无数。后来证实该村 200 年前已有人赴南洋侨居。也有相关记载，清咸丰年间（1851 年），该村归侨从南洋带回一批珍稀树种格木回乡，种植在清溪村后山“飞鼠岗”，村民视为福泽全村之“风水树”而加以保护，到如今植被面积达 2 hm^2，50 多株格木树长势旺盛，苍翠挺拔，最高的一株高达 40 m，胸径 1.15 m，冠幅 50 m^2，材积达 7 m^3，遮天蔽日。在 2001 年《鹤山县志》中也都记录了清溪村的这片格木林。相传 20 世纪 60 年代，曾有一家造船厂愿以两台拖拉机做交换，砍伐这一格木林用于造船。但遭到村民的拒绝，认为是“风水林”砍不得，这片格木林才得以保存至今（徐晓星，2001）（图 3-17）。

我们在调查时，远远就能见到山上几株树冠开始枯萎的大树。树枝顶部大部分已经枯死，只留下高高的几个树枝，在记录着时代的沧桑。调查时并没有发现有 50 多株格木古树，只发现有 4 株大树超过百年，其中 3 株较大的胸径约有 1 m 左右，但两株已经遭受雷击，树冠枯萎。其余都是这些大树所落种子萌发而成，树龄也只有几十到上百年（图 3-18）。

（八）见证鹤山城市沧桑与辉煌的古榕树

位于鹤山市沙坪镇新鹤路 26 号源太酒店（原榕园酒店）内的一株古榕树，树高约 26 m，胸径达 3 m，冠幅达 30 多 m^2，树龄 115 年。远远看去，榕树枝繁叶茂，与周边的一些树木融为一体，虽然没有什么特别之处。但其地处繁华的鹤山市区，旁边是前榕园酒店（估计原酒店就是以此榕树而得名）。但现在榕树头已经搭建成为一个摩托车停放点，除用水泥砌成的花坛露出一些泥土外，旁边均为水泥地面和鱼池，树主干 3 m 左右仍然留在车棚内，但已经被铁皮紧紧包围，枝叶全部在车棚上面，就像一个人被层层枷锁所围困（图 3-19）。

图 3-19　鹤山市沙坪镇原榕园酒店的榕树（115 年）

古榕树可要比沙坪成为鹤山县治时间还要长，从 1913 年鹤山县城从鹤城改迁沙坪至今，也只有 100 多年。而在鹤山建县之前，沙坪原为西江冲积而成的一片沙滩，因此得名沙坪。从清乾隆初期，沙坪陆续出现谷行、猪仔行、牛行、鸡鸭行、烟行、瓜菜行等，成为四乡农副产品集散地，也是三鸟和禽类的交易区。由于濒临西江，土地肥沃、人口稠密，与佛山广州交通便利等原因，经济发展较快。如鹤山旧县志载："合邑地势，唯沙坪为山水之聚，建县以来，百货皆集，人物蕃盛。"有"不识沙坪不是商"的说法（徐晓星，1993），表明沙坪经济繁荣的盛况。这株榕树所处位置历史地名叫"猪仔行"，据相关记载，今崇德路榕园酒家及老干之家旁的一列商铺就是原猪仔行旧址，现属沙坪镇中山管理区所辖。原来的"猪仔行"建有砖木结构墟廊，置放几十个木制猪笼，每月逢二、五、八日为沙坪墟日，附近农民天未亮就担着猪仔或三鸟前来赶集，交易非常繁盛。此株百年的古榕树即为原"猪仔行"附近，可以想象，旧时繁忙的农副产品交易场景，而这株古榕树曾经为人们遮风避雨，是古代商品交易流通的重要场所，其见证了鹤山商业的繁荣和发展，也经历了鹤山城市建设的沧桑及辉煌，是不可多得的古树资源。虽然被围困在层层铁皮之中，但至今仍然生长旺盛，从另一方面，也反映了在城市建设过程中，如何合理保护古树资源的问题，即人们想尽力保护它，但同时城市发展又想尽办法利用匮缺的土地资源，在利用与保护之间，如何实施对古树的保护，是值得我们深思的问题。

（九）鹤山茶叶种植、生产和贸易的兴衰历程

传说很久以前，有一男一女两个道士，男的叫余林，女的叫苏贞，他们从福建省武夷山来到古劳丽水石岩头，看见这里山清水秀，绿树成荫，就爱上了这个地方，于是住在岩头古洞。白天上山采药提炼丹丸，为人治病，晚上在岩洞参禅拜佛。余林、苏贞从武夷山带来了两粒茶籽，便栽种于岩头缝隙之中，经过一年半载，茶树生长茂盛。两道士采摘生茶煲水饮用，清茶舌滑喉凉，滑肠去湿。他们又将茶叶用火烤干煲水焗饮，显得碧绿挂杯，清香美味、生津止渴，提神醒脑、清暑解毒、清心润肺。当时，本地有不少老百姓得了一种怪病，日间无神，晚上发烧，四肢无力，经多方医治无效。余林、苏贞两人就采摘岩上青茶及时为百姓治病。结果有病的人喝了青茶，立即驱病消灾，无病的人喝了青茶，当即提神免除了疲劳。他们用岩茶为当地人治好了怪病，解除了百姓痛苦，避免了一场灾难。后来，人们为了答谢救命之恩，在石岩头顶上建有一间余林、苏贞庙，设了他们的神像，称为"石公、石婆"。早晚奉拜，长年香灯不绝。这是关于鹤山古劳茶叶种植的一个美丽的传说。

茶叶是鹤山传统名产，早有"古劳茶""鹤山茶"名闻中外，种茶的历史有 700 多年。鹤山人种茶始于宋代，

盛于明清。以古劳地区为最先，至明代中后期，已形成规模生产，有茶园数千亩，其中以丽水石岩头产的“古劳银针”最为著名，创制出名牌产品有300多年，当时出口广东青茶以古劳茶为代表。古劳茶又以石岩头山顶九株老茶树为正宗，品质特优，据传其他地方所产都是这九株茶所繁殖的。清乾隆《鹤山县志》记载“古劳茶味匹武夷而带芳”，佐证了这一传说。自宋朝至清朝康熙年间，古劳都属新会县。清雍正十年(1732年)始建鹤山县，古劳都划入鹤山，故有“未有鹤山县，先闻古劳茶”的佳话（徐晓星，1993）。据相关记载古劳丽水石岩头现存有9株古老茶树，品质特优，传说是石公石婆所植，称之“宋茶”，古劳茶均是“石公”“石婆”所植的数十株老茶树繁殖而来。我们也试图寻找有关鹤山古茶的踪迹，包括现场考察、与当地林业站交流及咨询当地的护林员等，由于干扰太大，现存的鹤山古茶树资源确实难于寻觅和挖掘，这也是我们此次对鹤山古树资源调查挖掘中之憾事（图3-20）。但值得庆幸的是，在茶山山顶乐安村，发现一片保留较好的古树林，平均树龄约150年，可谓鹤山当地代表性的古树群落。

图3-20　鹤山市古劳镇茶山茶园

（十）惠济桥畔“玉桥龙眼”古有之

惠济桥位于鹤山市沙坪镇西南，是鹤山市重点文物保护单位，建于清道光五年（1825年），至今已有190多年的历史。惠济桥是一座四墩三拱石桥，桥长26.3 m，宽3 m，跨度7 m，桥面为石砌栏板，高0.6 m，两端引桥各长11.7 m，现西引桥已被围堤所覆盖。其横跨沙坪河上游，下可通小船，整座桥石块错缝铺砌，结构紧密，线条简洁，工整对称，坚固美观，堪称鹤山建桥史上的杰作，也曾是鹤山沙坪至高明、肇庆等地陆路往返的交通要道。在惠济桥修建前，外地进入沙坪只能摆渡，但遇到洪水，渡船不能通行，交通受阻。为了便利两岸交通，清道光年间，人们开始倡建该桥。说到惠济桥的修建，不得不提起所在地——玉桥村。据建造惠济桥时村民所立惠济桥路碑拓下来的文字，依稀可见捐建者的姓名，而这些捐款者中以玉桥人居多（图3-21）。

图3-21　鹤山市沙坪镇惠济桥畔

惠济桥，曾经是沙坪人对外交往的重要交通要道。据记载，从前江、江头、霄乡、龙口、青文、木棉岗一带的人来往沙坪圩，一定要经过惠济桥，后沿着禄洞水旧涌入圩。沙坪人挑担运货到杨梅、高明、白土、肇庆等地，也要经过这座桥。直至20世纪30年代，才被公路桥所取代，前后使用时间长达100年。而最让人们记忆犹新的还是惠济桥畔当年的繁华，改革开放前，惠济桥下的水是清澈的，女人们成群结队在桥边洗衣聊天；石拱桥下，渔船及过往的货船来来往往，好不热闹。岁月如梭，曾经人来人往的惠济桥早已失去昔日交通要地的功能，只是静静地横跨在桃源河上，伴随着桃源河那或深或浅的水流，诉说着历史沧桑。而就在桥东边的堤岸上，还保存着两棵龙眼树，与这座古老的石桥一样，经历过时代沧桑，见证繁华历史，虽然树并不太高，较小的一株只有3～4 m高，树冠一侧早已经枯萎，满树都是枯枝，显得苍老无力。另一株高约6 m，分枝清楚，虽然长势不再那么茂盛，但仍然表现出顽强的生命力。从树的长势、树高和树冠等综合分析，其具有非常明显的人工栽培管理的特征，应该属于常见的栽培品种，但具体品种无法进行细分。据《鹤山县志》记载，清光绪年间，沙坪玉桥的“培讲堂”龙眼园、龙口“一是园”等是水果生产较为集中、商品率较高的水果产区（鹤山县志编纂委员会，2001）。从历史记载可知，该地区在100多年前已经成为龙眼生产种植的集中区域，而且品质应该也较为优良，虽然目前现存古龙眼树并不多见，但有这两株古龙眼树的存在，与古老的惠济桥一样，曾经见证鹤山昔日惠济桥畔的繁华及玉桥“培讲堂”龙眼园生产的盛况（图3-22）。

图3-22　鹤山市沙坪镇玉桥村龙眼树（120年）

（十一）见证鹤山客家人入迁历史、繁衍发展的鹤城大坪村的“古椎林”

据罗绍伦《十七村略记》记载：“鹤城未建之先，空山蒙翳，界新、开两邑之间，为瑶蛮土寇藏集之所。盖自前明成化以来二百余年，民人未有托居者。康熙十八年始设大官田营讯，驻官防守，民初集耕凿。康熙三十五年，有新会营随征千总赖易胜，潮州大埔县人，见此处人民寥落，田地荒芜，招得惠、潮民人黄、罗、邱、蔡等姓，挈眷前来，始建坪山村，垦荒耕种。虽有粒食，而遥处寇盗，迄无宁日。后赖、谢、钟等姓于清康熙三十七年开五凸型村，罗、韩、刘等姓于康熙三十九年开龙眠村，丘、马、蔡、赖、黎等姓开横坑村，廖、萧、黄、罗等姓于康熙四十五年开小官田……此十七村之由来，均在县未析建之先也。”从康熙三十五年到四十七年（1696～1708年）开始大量客家人入迁鹤山（徐晓星，1993、2005）。如相关记载，康熙三十九年（1700年），大埔谢、黄、张、余、马、缪等姓迁到鸡仔地开村，人们聚居沿山坡伸延，呈阶梯状。村舍为泥砖木结构，多为四房朝厅平房，村以山形似雏鸡得名，位置正好与大坪村相邻。即从1696～1708年的12年间，是客家人入迁鹤山的第一个高潮。随着雍正十年（1732年）鹤山建制，当时人口只有8800多丁口。负责筹划建县的广东粮驿道陶正中、首任县令黄大鹏为了充实人口，加速开发，出告示招收外地人来县垦荒，并给新移民各种优惠政策。据两广总督鄂尔达《开垦荒地疏》记载，“招集惠潮等处贫民，给予庐舍、口粮、工本”，“每安插五户，编甲入籍，即给地百亩”，并且“十年免赋”。于是粤东的客家人纷纷应募前来，“惠潮来民，襁至如市，荷锄立庭际，求耕荒地”，“荷锄求地者日以百计”，这是客家人入迁鹤山的第二个高潮，俗称“五子下鹤山”（徐晓星，1993）。

随着大量客家人入迁，在当地开荒种植，先后开辟了官田地区、三堡禾谷禾南地区、云乡、双桥等地，将大片荒地和山坡开垦为良田、茶山，建设了数以百计的村庄，炊烟相望，鸡犬相鸣（徐晓星，2005）。为鹤山早期开荒种植、城镇建设起到积极的推动作用（图3-23）。

现在的鹤山客家人早已在当地安居乐业，而目前依稀可以见证当时情景，能给人们以记忆的也许只有残存的部分老屋及为数不多的古树了。在《鹤山县志》2001版中记载，位于鹤城南星乡大坪村的古椎树林，为清雍正年间大坪村建村时村民所植，距今已有200多年，面积达3.3 hm^2，以红椎为主（后鉴定为米槠）应该是客家人第二次入迁

图 3-23　鹤山市鹤城镇古椎林（200 多年）

定居于此种植的。这片林子，在 20 年前笔者第一次踏入鹤山时就有较为深刻的印象，据村民介绍，这是本地较为罕见的一片红椎林，当时林下还没有现在这么丰富，只有一些落叶和人畜活动的踪迹。20 多年过去了，林子还是原来的林子，树还是原来的树，好像一切都还停留在原来的样子，但是岁月不饶人，已经一晃 20 多年过去了。这也从一个侧面反映了树木单凭人的记忆，真的很难准确判别其年龄。进入林内，大树并不多见，现存树木大部分是重新萌发而成的。在林中偶尔能见到一些近百年的米槠，但数量并不多而且大部分已开始衰老枯萎，需进一步加强保护和管理。

随着客家人的大量入迁，在当地安居乐业，为地方社会经济发展作出过重大贡献。其中也有一些古树记载下了一丝线索。在鹤城桔园村，有一株榕树，约 140 多年，在古老的榕树旁边竖立着一块石碑，上刻有“光绪二十六年，庚子岁考选第一名附贡生 李柳翘立”。另据《清实录光绪朝实录》记载：“光绪二十二年，丙申（1896 年）。以遵命捐赈。予广东鹤山县附生李柳翘等，为其故父母建坊。摺包。”讲述的是当时鹤山一位读书人为其已故的父母树立牌坊作为纪念的事，此株古榕树的种植可能与立碑纪念事件有一定关联。是客家人在当地考取功名，奋斗不息的实证（图 3-24）。

图 3-24　鹤山市鹤城镇东坑桔园村古榕树（140 年）和石碑

（十二）现代城市化建设中村民自发保护而重新焕发青春的古榕树

鹤山市沙坪镇楼冲村委会何姓二村村中一株相传约200年的细叶榕，是鹤山市第一批公布的古树，其位于村庄旧村口位置，原来是当地村民闲时聊天、聚谈之地，也是当地村民派工、议事之处，当地的老者对此仍然记忆犹新。2012年由于老榕树衰老中空，几条大的枝条都枯死了，另外也由于村民房屋建设，使古树生长空间受迫，严重影响居民生活及安全。当地村民出钱出力将其进行重新修剪，虽然大部分枝条已经被砍除，但总算存活下来了。古树也重新发芽焕发新的活力。在城市市化建设中，经常会遇到类似的问题，是保护城市古树，让空间于树木，还是砍伐古树。其实很多古树已经成为村民心中的“神”，成为人们膜拜的对象，这无形中也保护了这些古树（图3-25）。

图3-25　鹤山市沙坪镇何姓二村古榕树（130年）

有些古树是由村民个人所有或者是个人所种植的，按照我国《城市绿化条例》相关规定，“在单位管界内或者私人庭院内的古树名木，由该单位或者居民负责养护，城市人民政府城市绿化行政主管部门负责监督和技术指导”。也就是说，这部分古树的管理主体虽然属于单位或者个人，但城市绿化行政主管部门要实施监督的职责，这部分古树早已成为城市不可分割的一部分，是城市的一道靓丽风景。我们在调查中发现如沙坪镇赤坎村委会双和村二队的一株黄皮，生长在一幢民居房前的庭院内，调查时，访问屋主恰逢是一位70多岁的老婆婆，根据她的讲述，这棵树是上两代的姑婆所植，现在已经是第三代人了，照此推算树龄超过百年。而且现在还年年开花结果，长势也非常好。其他如房前屋后的一些古树，被人们自觉保护和管理养护的现象屡见不鲜（图3-26）。

图3-26　鹤山市沙坪镇何姓村古榕树（120年）

还有一些古树是当地村民自觉要求保护的，表明了村民对于古树进行重点保护的强烈意愿。笔者也是通过鹤山市农林渔业局工作人员了解到的，在他们的陪同下，一起到现场进行考察。这是两棵土沉香，位于鹤山市桃源镇甘棠上涎坑。树并不算高大，而且还有人工种植管理的痕迹，周边为养猪场的猪栏，两株树紧靠着猪栏的墙根，显得有些沧桑，树的长势一般，较大的一棵胸径约 61 cm，较小一棵也有 50 cm 左右。据说是当地村民所栽，已经有三代人的历史了，据此类推树龄为 120 多年。虽然土沉香在本地区分布较多，但现存能达百年以上的古树并不多见，与早期发生在鹤山市双合西金竹沉香被盗砍的现象相比，当地村民主动要求保护这些资源，确实难能可贵，希望能进一步加强保护（图 3-27）。

综上所述，对于本次鹤山古树及其相关历史人文信息的收集，其目的是为了更好的保护和宣传这些古树资源，也为深入挖掘这些古树资源及对它们进行综合利用提供一些素材。

图 3-27　鹤山市桃源镇甘棠上涎坑土沉香（120 年）

第四章　鹤山古树名木资源及其种类

第一节　鹤山古树名木资源概况

2013年由鹤山市林业局组织，各乡镇林业站牵头进行了鹤山市古树名木摸底调查工作。鹤山市林业局统一编制表格，由各乡镇林业站组织，以基层村民委员会为基本单元组织人力进行摸底调查，最后汇总上报了鹤山古树名木摸底调查登记表，进行了一次全市范围内的古树名木的摸底调查登记。共有市内沙坪、雅瑶、古劳、龙口、鹤城、共和、桃源、双合、宅梧、址山10个镇上报334份古树名木调查登记表。其中市区沙坪镇上报数量最多，以村委会为单位，包括坡山、杰洲、汇源、楼冲、赤坎、越塘、中东西、镇南、玉桥、桥氹、莺朗等11个村委会分别上报了鹤山古树名木调查统计表和每木登记表，特别是楼冲村委会上报数量最多，调查范围也最大。其余各镇都是以镇为单位上报鹤山古树名木调查统计表和每木登记表。从各镇上报的摸底数据上看，标准不一，数据参差不齐。由于对古树名木定义及鉴别方法的欠缺，数据可靠性差，只能作为参考或者是为进一步的调查提供线索。其中也包括了2004年由鹤山市进行登记并统一编码、挂牌的53株古树，这部分古树的生存状况、保护管理现状如何，还需要进行进一步调查和补充。

2014年10月，我们采用每木调查、测定、走访当地老人并结合历史档案记载的方法，在2013年鹤山市古树名木资源摸底调查的基础上，对上报的鹤山古树名木进行排查及每木现场调查、登记，在鹤山130多个调查地点发现有古树分布，记录、鉴定古树名木330株，共38个种，隶属于24科，31属。其中马尾松 *Pinus massoniana* 3株，水松 *Glyptostrobus pensilis* 1株，竹柏 *Nageia nagi* 2株，樟树 *Cinnamomum camphora* 41株，浙江润楠 *Machilus chekiangensis* 9株，华润楠 *Machilus chinensis* 1株，粗壮润楠 *Machilus robusta* 1株，阳桃 *Averrhoa carambola* 2株，土沉香 *Aquilaria sinensis* 4株，木荷 *Schima superba* 2株，肖葡萄 *Syzygium auminatissimum* 1株，白车 Syzygium levinei 4株，水翁 *Syzygium nervosum* 10株，竹节树 *Carallia brachiata* 1株，假苹婆 *Sterculia lanceolata* 1株，木棉 *Bombax ceiba* 10株，石栗 *Aleurites moluccana* 1株，五月茶 *Antidesma bunius* 2株，黄桐 *Endospermum chinense* 4株，格木 *Erythrophleum fordii* 4株，华南皂荚 *Gleditsia fera* 2株，米槠 *Castanopsis carlesii* 1株，朴树 *Celtis sinensis* 16株，见血封喉 *Antiaris toxicaria* 3株，桂木 *Artocarpus nitidus* subsp. *lingnanensis* 3株，大叶榕（高山榕）*Ficus altissima* 3株，橡胶榕 *Ficus elastica* 1株，细叶榕 *Ficus microcarpa* 158株，斜叶榕 *Ficus tinctoria* subsp. *gibbosa* 1株，铁冬青 *Ilex rotunda* 3株，黄皮 *Clausena lansium* 1株，橄榄 *Canarium album* 1株，红椿 *Toona ciliata* 1株，龙眼 *Dimocarpus longan* 11株，荔枝 *Litchi chinensis* 4株，杧果 *Mangifera indica* 1株，倒吊笔 *Wrightia pubescens* 2株，山牡荆 *Vitex quinata* 14株，详见附录二鹤山市古树名木调查统计汇总表。

进行数据整理、汇总，照片整理，依照全国绿化委员会制定的《全国古树名木普查建档技术规定》，并参考《鹤山树木志》《鹤山县志》等资料对鹤山市的古树名木进行每木调查，准确鉴定其学名；运用GPS定位仪对全市古树名木进行定位，并使用传统测树工具精确测量树高、冠幅、胸径等有关数据；观察并详细记载这些古树名木的分布情况、生长状况、立地条件、土壤及周围环境、病虫害、树木腐朽中空情况及其受自然灾害损坏程度和有无养护措施、管护单位或个人等信息，并进行实景拍照。对调查的古树名木按照以下方法进行整理、分级和编目。每木调查信息包括树种名称、科属、挂牌编号、具体位置、经纬度、海拔、树龄、树高、胸围、地围、冠幅、树形、保护价值、立地条件(坡向、坡度、坡位、土壤)、生长势、权属、周边文物古迹、历史传说与史料记载、保护现状及建议等22个调查因子，详见附录一鹤山市古树名木调查统计表。在调查中我们也特别注意如下信息的收集。

1. 古树名木树龄的界定方法

由于古树名木的特殊性及稀有性，传统测定树龄的方法，如生长锥测定法不被提倡。准确的树龄是判断一棵树能否成为古树名木的关键，此次调查中对古树树龄的界定方法为：查阅族谱、古籍和地方志等历史材料，走访当地知情居民，并结合生长地的环境特点、土壤特征与胸径、树高间的相关系数，参考专家意见，以及参照相同区域同一树种的调查数据，进行综合分析，界定古树名木的树龄（图4-1）。

2. 古树名木保护存在的主要问题

（1）自然因素。如树木自身衰老、自然灾害影响、病虫危害、附生寄生绞杀等。

（2）人为因素。非法盗伐移植，违建挤占空间，工程建设破坏古树生境、伤害古树树体等。

图 4-1　鹤山市宅梧镇新塘村古樟树（约 120 年）

第二节 鹤山古树名木种类

1. 马尾松 Pinus massoniana D. Don

松科 Pinaceaeu 松属 Pinus

常绿乔木；树高可达 45 m，胸径达 1.5 m；树皮红褐色，裂成不规则的鳞状块片；枝条每年生长一轮，稀二轮；一年生枝淡黄褐色，无毛。针叶每束 2 针，稀 3 针，细柔，横切面半圆形。雄球花淡红褐色，圆柱形，弯垂，聚生于新枝下部成穗状，长 6 ～ 15 cm；雌球花单生或 2 ～ 4 个聚生于新枝近顶端，淡紫红色。球果卵圆形，长 4 ～ 7 cm；鳞盾菱形，微隆起或平，鳞脐微凹，无刺；种子长卵圆形，子叶 5 ～ 8 枚。花期 3 ～ 4 月；果期翌年 10 ～ 12 月。

在鹤山人工林中常见栽培，主要见于鹤山皂幕山、云宿山、茶山、大坝山、宅梧、双合等原来飞机播种区域。常作为造林主要树种，百年古树在鹤山极少见到，仅在雅瑶镇大岗车山村见到 3 株约 200 年左右的古树（图 4-2、图 4-3）。分布于我国河南、陕西及长江流域以南各地区。在长江下游垂直分布于海拔 700 m 以下，长江中游分布于海拔 1 100 ～ 1 200 m 以下，在西部分布于海拔 1 500 m 以下。越南北部亦有栽培。

马尾松木材极耐水湿，有“水中千年松”之说，特别适用于水下工程。木材含纤维素 62%，脱脂后为造纸和人造纤维工业的重要原料，也是我国主要产脂树种，松香是许多轻、重工业的重要原料，主要用于造纸、橡胶、涂料、油漆、胶粘等工业。马尾松苍劲挺拔，姿态古奇，适应性强，抗风力强，耐烟尘，木材纹理细，质坚，能耐水，适宜山涧、谷中、岩际、池畔、道旁配置和山地造林，也适合在庭前、亭旁、假山之间孤植。

图 4–2 马尾松的叶、花、果

图 4-3　鹤山市雅瑶镇大岗马尾松古树（约 200 年）

2. 水松 *Glyptostrobus pensilis* (Staunt. ex D. Don) K. Koch

杉科 Taxodiaceae　水松属 *Glyptostrobus*

乔木，高 8 ～ 10 m，生于湿生环境中，则树干基部常膨大成柱槽状，枝条稀疏，大枝近平展。树皮褐色或灰白色而带褐色，纵裂成长条状片脱落。叶多型，鳞形叶较厚或背腹隆起，螺旋状着生于多年生或当年生的主枝上，有白色气点；条状钻形叶两侧扁平，常排成二列，背面中脉两侧有气孔带；条状钻形叶两侧扁，背腹隆起，辐射伸展或排成三列状。球果倒卵形，长 2 ～ 2.5 cm，直径 1 ～ 1.5 cm；种鳞木质，扁平，中部的倒卵形，基部楔形；种子椭圆形，稍扁，褐色下端有长翅。花期 1 ～ 2 月；球果秋后成熟（图 4-4、图 4-5）。

水松在鹤山极少见，仅在宅梧镇靖村东约村现存一株超过 300 年的古树，生于屋旁。为中国特有树种，主要分布在珠江三角洲和福建中部及闽江下游海拔 1 000 m 以下地区。广东东部及西部、福建西部及北部、江西东部、四川东南部、广西及云南东南部也有零星分布。此外南京、武汉、庐山、上海、杭州等地有栽培。我国南方城市常有引种栽培，如 20 世纪 80 年代，广东珠海斗门在西江下游大量引种种植，总株数达 100 多万株。

水松木材淡红黄色，材质轻软，纹理细，耐水湿。树干通直，树姿优美，叶色富含季相变化，为极佳的园林景观树种。根系发达，也可栽于河边、堤旁，作固堤护岸和防风之用，是珠江三角洲平原防风、防护林的优良树种。

水松为我国特有的单科属植物，为古老的残存种，对研究杉科植物的系统发育、古植物学和第四纪冰期气候等都有重要的科学价值。具有重要的保护价值（中国植物红皮书，1992）。

图 4-4　鹤山市宅梧镇东约村水松古树（约 300 年）

图 4-5　鹤山市宅梧镇东约村水松古树（约 300 年）

3. 竹柏 Nageia nagi (Thunb.) Kuntze

Podocarpus nagi (Thunb.) Zoll. et Moritzi ex Zoll.

罗汉松科 Podocarpaceae　竹柏属 Nageia

常绿乔木，高达 20 m，胸径达 50 cm；树皮近平滑，红褐色，成小块薄片脱落；枝条伸展，树冠广圆锥形。叶对生，二列，厚革质，卵状披针形或披针状椭圆形，长 3.5 ～ 9 cm，宽 1.5 ～ 2.5 cm，无中脉而有多数并列细脉。雌、雄球花单生于叶腋。种子球形，直径 1.2 ～ 1.5 cm，成熟时套被紫黑色，有白粉。花期 3 ～ 5 月；果期 10 ～ 11 月。

鹤山常见栽培，宅梧镇白水带风水林、桃源鹤山市林业科学研究所山地等有栽培。为鹤山常见的优良绿化树种，百年古树极少发现，只在宅梧镇原万亩林场内现存约 100 年的竹柏 2 株，实属比较罕见（图 4-6、图 4-7）。分布于我国浙江、福建、江西、湖南、广东、广西、四川，垂直分布从海岸以上丘陵地区，至海拔 1 600 m 的高山地带，与常绿阔叶树组成森林。日本也有分布。

木材纹理直，结构细而均匀，边材淡黄白色，心材色暗，硬度适中，切面光滑，易加工，不开裂变形，耐久用。为优良的建筑、造船、家具、器具及工艺用材。种仁油供食用及工业用油。枝叶青翠而有光泽，四季常绿，树冠浓郁，树形美观，是南方的良好庭荫树和园林中的行道树，亦是城乡四旁绿化优良树种。

竹柏为古老的裸子植物，起源于距今约 1.55 亿年前的中生代白垩纪，被人们称为活化石，是我国国家二级保护植物。

图 4-6　鹤山市宅梧镇白水带竹柏古树（约 100 年）

图 4-7　鹤山市宅梧镇白水带竹柏古树（约 100 年）

4. 樟树（香樟） Cinnamomum camphora (L.) J. Presl

樟科 Lauraceae　樟属 Cinnamomum

常绿大乔木，高达 30 m，胸径达 3 m；树冠宽广；枝叶具樟脑香气；小枝无毛。叶薄革质，互生，卵状椭圆形，长 6 ~ 12 cm，宽 2.5 ~ 6.5 cm，先端急尖，基部宽楔形至近圆形，边缘稍波状，正面黄绿色，有光泽，背面无毛或初时微被短柔毛；离基三出脉，背面脉腋有明显腺窝，窝内有短柔毛。聚伞花序；花黄白色或黄绿色，长约 2 mm。果卵球形，直径 6 ~ 8 mm，成熟时紫黑色；果托浅杯状，边缘全缘。花期 4 ~ 5 月；果期 8 ~ 11 月。

鹤山常见栽培，是造林、绿化中常用树种，常作小区、庭园、路旁绿化。据《鹤山县志》记载，新中国成立初期，鹤山大部分村庄后山风水林中常见长势较好，大径材樟树存在，但 1958 年左右被大量破坏，保存较好的有双合镇布尚村和宅梧镇下沙林场。在比较偏远的山区常见几百年古树，调查发现鹤山现有百年以上古樟树共 41 株，鹤山各镇均有分布，其中最大一株为共和镇大凹东胜村鹤山樟树王，树龄达 530 年，双合镇永乐村、宅梧镇堂马及龙口镇古造村等均现存有 300 年左右的古樟树（图 4-8 ~图 4-20）。分布于我国南方及西南地区。越南、朝鲜、日本也有分布，其他各国常有引种栽培。

樟树为亚热带地区 (西南地区) 重要的材用和特种经济树种。根、木材、枝、叶均可提取樟脑、樟油，药用，有祛风、散寒、强心、镇痉和杀虫的功效。木材质优，抗虫害、耐水湿，供建筑、造船、家具、箱柜、板料、雕刻等用，尤其是樟树的木材耐腐、防虫、致密、有香气，是家具、雕刻的良材。该树种枝叶茂密、冠大荫浓、树姿雄伟，能吸烟滞尘、涵养水源、固土防沙和美化环境，是城市绿化的优良树种，广泛作为庭荫树、行道树、防护林及风景林，常用于园林观赏。因其对多种有毒气体抗性强，具有较强的吸滞粉尘的能力，常被用于城市及工矿区。

图 4-8　鹤山宅梧镇新塘村古樟树（约 120 年）

图 4-9　鹤山市共和镇大凹东胜村古樟树（约 530 年）

图 4-10　鹤山市宅梧镇元坑村古樟树（约 150 年）

图 4-11　鹤山市宅梧镇塔岗村古樟树（约 250 年）

图 4-12　鹤山市龙口镇霄南古樟树（约 120 年）

图 4-13　鹤山市共和镇大凹东胜村“鹤山樟树王”（约 530 年）

图 4-14 鹤山市共和镇大凹东胜村“鹤山樟树王”（约 530 年）

图 4-15　鹤山市沙坪镇雁池村古樟树（约 200 年）

图 4-16　鹤山市宅梧镇塔岗村古樟树（约 250 年）

图 4-17　鹤山市共和镇大凹东胜村古樟树（约 100 年）

图 4-18　鹤山市宅梧镇下沙华村古樟树（约 120 年）

图 4-19　鹤山市宅梧镇堂马白石村古樟树（约 300 年）

图 4-20　鹤山市桃源镇仁和村古樟树（约 120 年）

5. 浙江润楠 Machilus chekiangensis S. K. Lee

樟科 Lauraceae　润楠属 Machilus

乔木，枝褐色，散布纵裂的唇形皮孔。叶革质或薄革质，集生枝顶，倒披针形，长 6.5 ~ 13 cm，宽 2 ~ 3.6 cm，先端尾状渐尖，尖头常呈镰状，基部渐狭；中脉在上面稍凹陷，下面突起；侧脉 10 ~ 12 对，网脉纤细，在两面构成细密的蜂巢状浅穴。花黄白色。果球形，绿色，直径约 6 mm，干时常黑色；宿存花被片等长并向后反卷。花期 3 ~ 4 月；果期 7 ~ 8 月。

鹤山常见，产于共和（里村、獭山村）风水林、龙口（莲塘村、水口村）风水林、宅梧泗云元坑村风水林、雅瑶昆东洞田村风水林，生于常绿阔叶林、山地林中。百年古树见于鹤山古劳茶山山顶，现存 10 多株（图 4-21）。分布于我国广东、海南、广西、江西、湖南、福建、浙江。中南半岛各国也有分布。

木材木质结构细致，容易加工，加工后纹理光滑美丽；经久耐用，带有清雅而浓郁的香味，有很强的杀菌功效，是优良的建筑材料。枝、叶含芳香油，入药有化痰、止咳、消肿、止痛、止血之效，治气管炎，烧、烫伤及外伤止血等症，又是食品或化妆品的香料来源之一。枝繁叶茂，四季常青，新芽及叶柄红色，红绿相衬，树姿分外美丽，为优良的风景树和绿化树。

图 4-21　鹤山市古劳镇茶山山顶古树群和浙江润楠古树（约 150 年）

6. 华润楠 Machilus chinensis (Benth.) Hemsl.

樟科 Lauraceae　润楠属 Machilus

乔木，高 8 ～ 11 m。无毛。芽细小，无毛或有毛。长椭圆形至长椭圆状倒披针形，长 5 ～ 8 cm，宽 2 ～ 3 cm，顶端钝或短渐尖，基部狭，干时背面稍粉绿色或褐黄色；中脉在叶背面凸起，侧脉不明显，每边约 8 条；叶柄长 6 ～ 14 mm。圆锥花序顶生，花序梗长 2 ～ 2.5 cm；花白色，花梗长约 3 mm；花被裂片长椭圆状披针形，外面被淡黄色微柔毛，内面或内面基部有毛。果球形，直径 8 ～ 10 mm，成熟时黑色。花期 11 月；果期翌年 2 月。

鹤山各地常见，为鹤山各地风水林中常见种类，产于共和里村、龙口莲塘村风水林、宅梧泗云元坑村风水林等，分布比较广。百年老树较少见，现存于宅梧镇泗云元坑村及古劳镇茶山山顶，发现多株百年古树（图 4-22、图 4-23）。分布于我国广东、香港、海南、广西。生于山坡阔叶混交疏林或矮林中。越南也有分布。

华润楠木材坚硬，可作家具；树干通直，树冠阔伞形，树姿婆娑美丽，为优良的风景树和绿化树。

图 4-22　鹤山市共和镇里村华润楠群落（80 ～ 100 年）

图 4-23　鹤山市宅梧镇泗云元坑村华润楠古树（约 100 年）

7. 粗壮润楠 *Machilus robusta* W. W. Smith

樟科 Lauraceae　润楠属 *Machilus*

乔木，高 3 ～ 15 m。树皮粗糙，黑灰色。顶芽小，鳞片卵形，浅棕色，外被柔毛。叶互生，狭椭圆状卵形或近长圆形，长 10 ～ 20 cm，宽 5.5 ～ 8.5 cm，厚革质，正面绿色，背面粉绿色，无毛，中脉在正面凹陷，背面凸起，变红色，侧脉腹凹背凸，无毛。圆锥花序生于枝顶和先端叶腋，多数聚集，多花，分枝，总梗长 2.5 ～ 11.5 cm，密被蛛丝状短柔毛，早落。花大，长 7 ～ 10 mm，灰绿、黄绿或黄色，花梗长 5 ～ 8 mm，被短柔毛，带红色；果球形，直径 2.5 ～ 3 cm，未成熟时深绿色，成熟时蓝黑色；花期 1 ～ 4 月，果期 4 ～ 6 月。

鹤山各地少见，只见于古劳镇茶山，现存百年古树 1 株。生于常绿阔叶林或开旷的灌丛中，海拔 1 000 ～ 1 800（～ 2 100）m（图 4-24、图 4-25）。分布于我国贵州南部、广西、广东。缅甸北部有分布。

粗壮润楠用材，可作家具；树干通直，树姿婆娑美丽，为优良的风景树和绿化树。

图 4-24　鹤山市古劳镇茶山古树群（100 ～ 150 年）

图 4-25 鹤山市古劳镇茶山粗壮润楠古树（约 150 年）

8. 阳桃 *Averrhoa carambola* L.

酢浆草科 Oxalidaceae　阳桃属 *Averrhoa*

乔木，高可达 12 m。分枝多。奇数羽状复叶，互生，长 10 ～ 20 cm；小叶 5 ～ 13 片，全缘，卵形或椭圆形，长 3 ～ 7 cm，宽 2 ～ 3.5 cm，顶端渐尖，基部圆，一侧偏斜，小叶柄短。花小，微香，数朵至多朵组成聚伞花序或圆锥花序，自叶腋出或着生于枝干上，花枝红色；萼片 5 枚；花瓣略背卷，常 8 ～ 10 mm，背面淡紫红色，或粉红色、白色；雄蕊 5 ～ 10 枚。浆果肉质，下垂，5 棱，少有 6 或 3 棱，横切面呈星芒状，长 6 ～ 10 cm，淡绿色或蜡黄色；种子黑褐色。花期 5 ～ 8 月；果期 9 ～ 12 月。

鹤山各地常见栽培，为常见栽培果树，产于鹤山各地，百年古树极少，仅在沙坪镇赤坎双和村、楼冲向前村现存各 1 株（图 4-26、图 4-27）。原产于东南亚热带地区，我国广东、海南、广西、福建、台湾、云南有栽培或逸为野生。现广植于热带、亚热带各地。

阳桃的果可作水果或蜜饯；果晒干后可作药用。树形美观，果实形态奇异，为良好的园林风景树和果树品种。

图 4–26　阳桃的花、果

图 4-27　鹤山市沙坪镇楼冲向前村阳桃古树（约 100 年）

9. 土沉香 Aquilaria sinensis (Lour.) Spreng.

瑞香科 Thymelaeaceae　沉香属 Aquilaria

常绿乔木，高 6 ～ 15 m。树皮暗灰色，几平滑，易剥落；小枝圆柱形，具皱纹，幼时被疏柔毛，后逐渐脱落。叶互生，近革质，卵形至椭圆形，长 5 ～ 10 cm，宽 3 ～ 6 cm，先端锐尖或急尖而具短尖头，基部楔形，正面暗绿色或紫绿色；侧脉每边 15 ～ 20 条，边缘有时被稀疏柔毛。花黄绿色，芳香，多朵组成伞形花序；萼筒浅钟状，五裂，裂片卵形；花瓣 10 枚，鳞片状，着生于花萼喉部。蒴果卵球形。花期春末夏初；果熟期夏、秋季。

鹤山各地风水林中常见，产于共和里村风水林、龙口（莲塘村、水口村）风水林、宅梧泗云元坑村风水林，生于阔叶林中。百年古树在鹤山极少发现，只在宅梧泗云元坑村、白水带新湾村及桃源甘棠上涨坑发现现存古树 4 株（图 4-28 ～ 4-31）。分布于我国广东、海南、广西、福建及云南景洪等地。生于低海拔的山地、丘陵以及路边阳处疏林中。

树皮纤维柔韧，色白而细致，可做高级纸原料及人造棉，为制作皮纸、钞票纸等的原料。木材受伤后产生的“沉香”供作香料及药用，以东莞产的最为地道，故又称为“莞香”，古代用作朝廷贡品，为中药沉香的药材基源之一。分枝茂密，树姿优雅健壮，新叶淡绿，逐渐变为深绿而亮泽，可作为园林绿化和造林的乡土树种。

土沉香为渐危种，是我国特有珍贵药用植物。药用沉香是由于本种树干损伤后被真菌侵入寄生，在菌体内酶的作用下，使木薄壁细胞储存的淀粉产生一系列变化，最后形成香脂，经多年沉积而得，为永续利用，极待保护和发展这一珍贵药用植物（中国植物红皮书，1992）。

图 4-28　土沉香的花、果

图 4-29　鹤山市宅梧镇新湾村土沉香古树（约 130 年）

图 4-30　鹤山市宅梧镇新湾村土沉香古树（约 130 年）

图 4-31　鹤山市宅梧镇泗云元坑村土沉香古树（约 100 年）

10. 木荷（荷木）Schima superba Gardner et Champ.

茶科 Theaceae　木荷属 Schima

乔木，高 20 ～ 25 m。嫩枝通常无毛。叶革质或薄革质，长 7 ～ 12 cm，宽 4 ～ 6.5 cm，先端尖锐，有时略钝，基部楔形，正面干后发亮，背面无毛，侧脉 7 ～ 9 对，在两面明显，边缘有钝齿；叶柄长 1 ～ 2 cm。花生于枝顶叶腋，常多朵排列成总状花序，直径 3 cm，白色；花柄长 1 ～ 2.5 cm，纤细，无毛；苞片 2 片，贴近萼片，长 4 ～ 6 mm，早落；萼片半圆形，长 2 ～ 3 mm，外面无毛，内面有绢毛；花瓣 5 枚，长 1 ～ 1.5 cm，最外 1 枚风帽状，边缘多少有毛；子房有毛。蒴果近球形，直径 1.5 ～ 2 cm；种子有翅。花期 6 ～ 8 月；果期 10 ～ 12 月。

鹤山各地常见，产于桃源鹤山市林业科学研究所、共和（里村华伦庙后面风水林、獭山村风水林）、鹤城昆仑山、龙口桔园村风水林、宅梧泗云元坑村风水林、雅瑶昆东洞田村风水林等地，生于常绿阔叶林。百年古树极少见，现存于桃源甘棠上湴坑，有古树 2 株（图 4-32、图 4-33）。分布于华东、华南至西南地区及台湾。

木荷树姿挺拔，叶色四季葱绿，常作荒山绿化。由于木荷具耐火性，故在人工林中常用其作为防火带种植。

图 4-32　鹤山市桃源镇甘棠上湴坑木荷古树（约 100 年）

图 4-33　鹤山市桃源镇甘棠上湴坑木荷古树（约 100 年）

11. 肖蒲桃 Syzygium acuminatissimum (Blume) Cand.

Acmena acuminatissima (Blume) Merr. et L. M. Perry

桃金娘科 Myrtaceae　蒲桃属 Syzygium

常绿乔木，高达 20 m。嫩枝圆柱形或有钝棱。叶革质，卵状披针形或狭披针形，长 5 ～ 12 cm，宽 1 ～ 3.5 cm，先端尾状渐尖，尾尖 2 cm，基部阔楔形，正面干后暗色，多油腺点，侧脉多而密；叶柄长 5 ～ 8 mm。聚伞花序排成圆锥花序，长 3 ～ 6 cm，顶生，花序轴有棱；花小，3 朵聚生，有短柄；花蕾倒卵形；萼管倒圆锥形；萼齿不明显；花瓣小，白色；雄蕊极短。浆果球形，直径约 1.5 cm，成熟时黑紫色；种子 1 颗。花期 7 ～ 10 月。

鹤山偶见栽培，产于鹤山林业科学研究所周边。百年古树少见，在鹤山市沙坪镇越塘有一株约 120 年的古树（图 4-34、图 4-35）。分布于我国广东、广西等地区，以及台湾，生于低海拔至中海拔林中。马来西亚、印度、印度尼西亚、菲律宾、缅甸、新几内亚、泰国及太平洋岛屿也有分布。

肖蒲桃枝繁叶茂，枝叶柔软下垂，树姿优雅。嫩叶通常呈红褐色。每到冬、春季，枝条上挂满了成熟期不同的果实，呈现出一派壮观的景象，具有较高的园林观赏价值，可作庭院树及风景树。果可食。

图 4–34　肖蒲桃的叶、果

图 4-35　鹤山市沙坪镇越塘肖蒲桃古树（约 100 年）

12. 山蒲桃（白车）Syzygium levinei (Merr.) Merr. et L. M. Perry

桃金娘科 Myrtaceae，蒲桃属 Syzygium

乔木，高达 14 m。嫩枝圆柱形，有糠秕，干后灰白色。叶革质，长圆形或卵状椭圆形，长 4 ~ 8cm，宽 1.5 ~ 3.5cm，顶端急锐尖，基部宽楔形，叶面干后灰褐色，背面色稍浅，具细小腺点；侧脉 10 ~ 14 对；叶柄长 5 ~ 7mm。花排成圆锥花序状的聚伞花序顶生，此花序长 4 ~ 7cm，花序轴有糠秕或乳凸，花梗极短；花萼筒短小，漏斗形，花萼齿小；花瓣 4 枚，小，白色；雄蕊短。浆果，近球形，直径 7 ~ 8 mm；种子 1 颗。花期 7 ~ 9 月；果于翌年春季成熟。

鹤山偶见，产于宅梧泗云元坑、东门村风水林、龙口莲塘村风水林，生于常绿阔叶林中。百年古树见于鹤山沙坪楼冲元岗新村后，现存 4 株（图 4-36、图 4-37）。分布于中国广东、海南、广西。越南也有分布。

可作绿化和材用。

图 4-36　山蒲桃的叶、花、果

图 4-37 鹤山市沙坪镇楼冲元岗新村山蒲桃（约 100 年）

13. 水翁 Syzygium nervosum Cand.

Cleistocalyx operculatus (Roxb.) Merr. et L. M. Perry

桃金娘科 Myrtaceae　蒲桃属 Syzygium

乔木，高可达 15 m。树皮厚，灰褐色，不开裂，分枝多：嫩枝压扁，有沟。叶对生，薄革质，长圆形或椭圆形，长 11 ～ 17 cm，宽 4.5 ～ 7 cm，顶端急尖或渐尖，基部宽楔形或略圆，两面多透明腺点；侧脉 9 ～ 13 对，网脉明显；叶柄长 1 ～ 2 cm。花无梗，2 ～ 3 朵聚生，并排成圆锥花序状的聚伞花序，花序着于老枝上，长 6 ～ 12 cm；花萼筒半球形，花萼片合生成帽盖状，其先端成短喙；雄蕊较花柱长。花期 5 ～ 6 月。浆果，宽卵球形，直径 10 ～ 13 mm，成熟时紫黑色。

鹤山常见，产于共和里村、獭山村风水林，沙坪的玉桥、古劳水边、沟谷等地。百年古树常见于沙坪楼冲元岗新村、下社村、玉桥等地，现存古树有 10 株（图 4-38、图 4-39）。分布于我国广东、海南、广西、云南和西藏。中南半岛至印度尼西亚、大洋洲和澳大利亚也有分布。

水翁的花、叶可治感冒；根可治黄疸性肝炎。可作风景树，多植于湖堤边，花有香味。

图 4-38　鹤山市沙坪镇玉桥村水翁古树（约 100 年）

图 4-39　鹤山市沙坪镇楼冲下社村水翁古树（约 100 年）

14. 竹节树 *Carallia brachiata* (Lour.) Merr.

红树科 Rhizophoraceae　竹节树属 *Carallia*

常绿小乔木，高 7 ～ 10 m。基部有时具板状支柱根；树皮光滑，很少具裂纹，灰褐色。叶薄革质，叶形变化很大，倒卵形、椭圆形或长圆形，顶端短渐尖或钝尖，基部楔形，长 5 ～ 8 cm，全缘，背面有散生明显的紫红色小点，脱落后在老枝上形成有明显突起的叶痕。花序腋生，分枝短，每一分枝有花 2 ～ 5 朵，有时退化为 1 朵；花小，基部有浅碟状的小苞片；花萼 6 ～ 7 裂，稀 5 或 8 裂，钟形；花瓣白色，近圆形，边缘撕裂状；雄蕊长短不一，柱头盘状，4 ～ 8 裂。果近球形，顶端冠以短三角形萼齿；种子肾形或长圆形。花期冬、春季；果期翌年春、夏季。

鹤山偶见，产于宅梧东门村风水林，生于杂木林中。百年老树少见，仅在雅瑶镇清溪村现存 1 株，树龄约 100 年（图 4-40）。分布于我国广东、广西、福建及西南地区。东南亚、澳洲、马达加斯加、尼泊尔、新几内亚及太平洋岛屿也有分布。

该种木材边材淡黄白色，易腐，心材淡红色，坚固，有光泽，纹理细致，易加工，是家具、装饰雕刻和小建筑物的良好用材；果可食也可入药。枝繁叶茂，叶色终年青翠，常作园林景观树。

图 4-40　鹤山市雅瑶镇清溪村竹节树（约 100 年）

15. 假苹婆 Sterculia lanceolata Cav.

梧桐科 Sterculiaceae 苹婆属 Sterculia

常绿乔木。小枝初时被毛。叶薄革质，椭圆形、披针形或椭圆状披针形，长 9 ～ 20 cm，宽 3.5 ～ 8 cm，顶端急尖，基部圆钝，正面无毛，背面近无毛；侧脉 7 ～ 9 对，弯曲，在近叶缘处连接；叶柄长 2.5 ～ 3.5 cm。花淡红色，萼齿 5 枚，仅基部连合，向外开展呈星状，长圆状披针形或长圆状椭圆形，顶端有小尖凸，长 4 ～ 6 mm，外面被柔毛，边缘有缘毛。蓇葖果红色，厚革质，长圆状卵形或长椭圆形，长 5 ～ 7 cm，宽 2 ～ 2.5 cm，被短绒毛，顶端有喙；种子黑褐色，椭圆状卵形，直径约 1 cm。花期 4 ～ 6 月；果期 8 ～ 9 月。

鹤山各地常见，产于共和里村华伦庙后面风水林、雅瑶昆东洞田村风水林、龙口仓下村后山风水村，生于阔叶林、山谷溪边。百年古树极少见，仅在沙坪镇汇源元溪村现存一株，树龄约 100 年（图 4-41、图 4-42）。分布于我国广东、香港、澳门、广西、云南、贵州、四川。缅甸、泰国、越南、老挝、柬埔寨也有分布。

枝条上的皮可做纺织麻袋的原料，也可造纸；种子可食用，也可榨油。株形优美，可作景观树。树冠呈伞形，枝叶浓密，夏季果实累累，色彩鲜艳，具有很高的观赏价值。树干通直、树冠球形、翠绿浓密、果鲜红色、下垂，观赏价值高，可作园林风景树和绿荫树，属十分优良的观赏植物。宜用作庭园树、行道树及风景区绿化树种。

图 4-41 假苹婆的叶、花、果

图 4-42　鹤山市沙坪镇汇源元溪村假苹婆古树（约 100 年）

16. 木棉（英雄树、红棉）Bombax ceiba L.
Bombax malabaricum DC.

木棉科 Bombacaceae　木棉属 Bombax

落叶大乔木，高达 25 m，幼树树干和老树枝条上有圆锥状皮刺。掌状复叶，小叶 5 ～ 7 片，长圆形至长圆状披针形，全缘。花较大，单生于枝顶叶腋，常为红色，偶有橙红色，直径约 10 cm，花萼杯状，长 2 ～ 3cm，花瓣 5 枚，花柱长于雄蕊。蒴果长圆形，密被灰白色长柔毛和星状柔毛，果内有丝状棉毛。花期春季（3 ～ 4 月），先花后叶；果期夏季，蒴果大，椭圆形，木质，外被绒毛，成熟时五裂，内壁有白色长绵毛。

鹤山各地常见栽培，生于路旁。百年古树常见，现存 10 株，见于沙坪汇源、越塘、玉桥、桃源三富、古劳上升、丽水及龙口祥云等地（图 4-43 ～图 4-47）。原产于我国华南、西南以及江西、福建、台湾地区。亚洲热带地区至澳大利亚也有分布。

木棉树形高大雄伟，春季红花盛开，先花后叶，火红的花朵，灿烂耀目，是热带特有的木本花卉，为优良的行道树、庭荫树和风景树，可园林栽培观赏。木棉纤维短而细软，无拈曲，中空度高达 86% 以上，远超人工纤维（25% ～ 40%）和其他任何天然材料，不易被水浸湿，且耐压性强，保暖性强，天然抗菌，不蛀不霉，可填充枕头、救生衣。花、树皮和根可入药。

图 4-43　木棉叶、花、果

图 4-44　鹤山市桃源镇三富木棉古树（约 120 年）

图 4-45　鹤山市龙口镇祥云木棉古树（约 120 年）

图 4-46　鹤山市龙口镇祥云木棉古树（约 120 年）

图 4-47 鹤山市沙坪镇玉桥木棉古树（约 100 年）

17. 石栗 Aleurites moluccana (L.) Willd.

大戟科 Euphorbiaceae　石栗属 Aleurites

乔木，高达 20 m，嫩枝被褐色星状短柔毛，后呈粉状脱落。叶薄革质，倒卵形或近菱形，全缘，或阔卵状心形且 3 ～ 5 裂，顶端短渐尖，无毛或仅背面疏生星状毛；叶柄长，顶端具 2 枚腺体；托叶鳞片状。聚伞状圆锥花序长 7 ～ 15 cm，开展，密被星状短柔毛；雄花，花萼通常 2 深裂，被毛，花白色，花瓣长圆形，顶端钝，雄蕊 15 ～ 20 枚，花药卵形；雌花，花萼通常 3 裂，花瓣稍长于花萼，子房密被毛，花柱 2 枚，2 深裂，线状。果核果状，近球形或斜球形，直径 5 ～ 6 cm；外果皮稍肉质，绿黄色，被微毛，内果皮薄革质；种子 1 ～ 2 枚，扁球形，种皮骨质，具瘤状凸棱，直径 2.5 cm。花、果期 4 ～ 10 月。

鹤山城区偶见栽培，见于沙坪等地。百年古树少见，仅在鹤城吉园村现存 1 株，树龄约 100 年（图 4-48、图 4-49）。原产于柬埔寨、印度、印度尼西亚、菲律宾、斯里兰卡、泰国、越南及太平洋岛屿。我国广东、澳门、香港、台湾、福建、广西、云南均有栽培。现世界热带地区广泛栽培。

石栗种子形似贝壳，可做装饰品。果实含油量达 65% ～ 70%，可作油漆、肥皂、蜡烛等工业的原料，还可用作提取生物柴油。生长迅速，适应能力强，树干挺直，树冠浓密，有很好的遮阴效果，多作庭园树栽植，为优良的风景树。

图 4-48　石栗的叶、花、果

图 4-49　鹤山市鹤城镇吉园村石栗（约 100 年）

18. 五月茶 *Antidesma bunius* (L.) Spreng.

大戟科 Euphorbiaceae　五月茶属 *Antidesma*

乔木，高达 10 m。小枝有明显皮孔；除叶背中脉、叶柄、花萼两面和退化雌蕊被短柔毛或柔毛外，其余均无毛。叶纸质，长椭圆形、倒卵形或长倒卵形，长 8 ～ 23 cm，正面常有光泽，顶端急尖至圆，有短尖头；侧脉在叶面扁平，干后凸起；托叶线形，早落。雄花序为顶生的穗状花序，雄花花萼杯状，顶端 3 ～ 4 裂，裂片卵状三角形，雄蕊 3 ～ 4 枚，着生于花盘内面，花盘杯状，全缘或不规则分裂；退化雌蕊棒状。雌花序为顶生的总状花序，雌花花萼和花盘与雄花的相同，雌蕊稍长于萼片，子房宽卵圆形，子房 1 ～ 2 室，稀 3 室，花柱顶生，柱头短而宽，顶端微凹缺。核果近球形或椭圆形，长 8 ～ 10 mm，成熟时红色。花期 3 ～ 5 月；果期 6 ～ 11 月。

鹤山各地常见，产于共和里村华伦庙后面风水林、宅梧泗云元坑村风水林，生于常绿阔叶林、屋旁。百年古树少见，在古劳丽水及桃源镇甘棠上湴坑各有 1 株（图 4-50、图 4-51）。分布于我国华南地区以及江西、福建、贵州、云南、西藏。亚洲热带地区各国及澳大利亚、太平洋岛屿也有分布。

五月茶果供食用。适宜作园景树、绿篱、大型盆栽，尤其适合滨海绿化美化。

图 4-50　五月茶叶、果、株形

图 4-51　鹤山市桃源镇甘棠上涩坑五月茶古树（约 120 年）

19. 黄桐 Endospermum chinense Benth.

大戟科 Euphorbiaceae　黄桐属 Endospermum

乔木，高达 25 m。树皮灰褐色，嫩枝和花序被浅黄色短星状毛。叶薄革质，常密生于小枝顶部，近圆形、阔卵形至椭圆形，长 8 ～ 20 cm，近叶柄着生处具 2 枚球形腺体，有时部分侧脉近叶缘分叉处也有腺体，背面被微星状毛；托叶三角状卵形，被毛。雄花序圆锥状，腋生；花梗几无；苞片阔三角形；雄花单生于苞腋，花萼杯状，被毛，雄蕊 5 ～ 8 枚，2 轮，花丝柱状；雌花序狭圆锥状，腋生，苞片阔三角形，雌花单生于苞腋，花萼杯状，具 3 ～ 5 波状齿，被毛，宿存，子房近球形，被黄色绒毛，2 ～ 3 室，花柱盘状。蒴果近球形，直径约 1 cm，果皮稍肉质，被绒毛，黄绿色；种子 2 ～ 3 枚，浅褐色。花期 5 ～ 8 月；果期 8 ～ 11 月。

鹤山各地常见，产于共和里村和大凹东胜村的风水林、宅梧泗云元坑村风水林，生于常绿阔叶林中，为鹤山各地风水林中的主要优势树种，百年古树少见，仅于双合邓屋村和共和大凹东胜村现存 4 株（图 4-52、图 4-53）。分布于我国广东、香港、海南、广西、福建、云南。印度、缅甸、泰国、越南也有分布。

黄桐为速生树种，木材可作板材。根、树皮和叶可作草药用。树形高大，树姿挺拔。叶色常青，是优良的野生观赏树种，适宜引种用作园景树及庭园树。

图 4-52　黄桐叶、花、株形

图 4-53　鹤山市共和镇大凹东胜村黄桐古树（约 100 年）

20. 格木（铁木） Erythrophleum fordii Oliv.

苏木科 Caesalpiniaceae　格木属 Erythrophleum

常绿乔木，高达 30 m；嫩枝和幼芽密生锈色柔毛。二回羽状复叶，有羽片 2 ～ 3 对，每个羽片有小叶 5 ～ 13 片；小叶互生，卵形或卵状椭圆形，先端渐尖，基部圆形，稍偏斜。夏季开淡黄绿色花，穗状花序再排成总状花序；雄蕊 10 枚，长于花冠。荚果扁平带状，长 7 ～ 12 cm，近木质，冬季成熟，熟后黑褐色。

鹤山各地偶见栽培，在鹤山市林业科学研究所有引种种植，鹤山雅瑶镇清溪村有古格木林，但现仅存古树 4 株（图 4-54 ～图 4-56）。分布于我国广东、广西、浙江、台湾，生于海拔 800 m 以下的低山及丘陵，福建有栽培。越南也有分布。

渐危种，为珍贵的硬材树种，木材坚硬，被称为铁木，极耐腐，为优良的建筑、工艺及家具用材，耐水湿，可作船板、桅插和上等家具等用材。横切面管孔与薄壁组织构成花纹，形如深海鱼群，美丽壮观。木结构均匀，材质坚硬，特适宜制作车旋。格木树冠苍绿荫浓，树冠广阔，株形优美，为理想的绿化树种，可作“四旁”绿化之用，枝叶浓密，涵养水源和改良土壤的效果显著。

图 4-54　格木的叶、花、果、株形

图 4-55　鹤山市雅瑶镇清溪村格木古树（约 180 年）

图 4-56　鹤山市雅瑶镇清溪村格木古树（约 180 年）

21. 华南皂荚 Gleditsia fera (lour.) Merr.

苏木科 Caesalpiniaceae，皂荚属 Gledisia

小乔木至乔木，高达 30 m；刺粗壮，具分枝，基础圆柱形。叶为 1 回羽状复叶，纸质，卵状披针形至长圆形，长 2 ~ 12.5cm，宽 1 ~ 6cm，边缘具细锯齿，上被短柔毛。花杂性，黄白色，聚伞花序组成总状花序；萼片 5 枚，花瓣 5 枚；荚果带状扁平；花期 3 ~ 5 月；果期 5 ~ 12 月。

鹤山各地偶见栽培，百年古树少见，仅在古劳丽水村心村，现存古树 2 株（图 4-57、图 4-58）。分布于我国华南、西南及华东地区。越南也有分布。多生于平原、山谷及丘陵地区。

木材坚实，耐腐耐磨，黄褐色或杂有红色条纹，可用于制作工艺品、家具。果、种子、枝刺均可入药，果可祛痰、利尿，种子可治癣和通便秘，皂刺可活血并治疮癣。种子含胶量达 30% ~ 40%，皂荚豆含有丰富的粗蛋白、聚糖，含油量超过大豆。荚果含皂素，可代替肥皂用于洗涤，果可作杀虫药。

图 4-57　华南皂荚叶、株形

图 4-58　鹤山市古劳镇丽水村心村华南皂荚古树（100 年）

22. 米槠 *Castanopsis carlesii* (Hemsl.) Hayata

壳斗科 Fagaceae　锥栗属 *Castanopsis*

乔木，高达 20 m。叶披针形，长 6 ～ 12 cm，宽 1.5 ～ 3 cm，或叶卵形，长 6 ～ 9 cm，宽 3 ～ 4.5 cm，顶部渐尖或渐狭长尖，基部有时一侧稍偏斜，叶全缘，或兼有少数浅裂齿，嫩叶叶背有红褐色或棕黄色稍紧贴的细片状腊鳞层，成长叶呈银灰色或灰白色；叶柄基部增粗呈枕状。雄圆锥花序近顶生，花序轴无毛或近无毛，雌花的花柱 3 或 2 枚。壳斗近圆球形或阔卵形，连刺径 10 ～ 20 mm，顶部短狭尖或圆，基部圆或近于平坦，或突然收窄而又稍微延长呈短柄状，外壁有疣状体，或甚短的钻尖状。坚果近圆球形或阔圆锥形，顶端短狭尖，顶部近花柱四周及近基部被疏伏毛，熟透时无毛。花期 3 ～ 6 月；果期 9 ～ 11 月。

鹤山偶见，生于常绿阔叶林中。百年古树少见，鹤山市鹤城镇南星乡大坪村分布有一片古米槠林，现存大部分为砍伐后的萌生二代，有多株百年以上的古树（图 4-59、图 4-60）。分布于我国长江以南各地区，是南方常绿阔叶林主要组成树种之一。常为主要树种，有时成小片纯林。

米槠树形高大、美观，叶椭圆或长圆形。早期生长迅速，适应能力强，抗风力强，又耐烟尘、抗污染并能杀菌。在庭院观赏及营造防火林带中有着广阔的应用前景和发展潜力，为优良的用材树种。果可食。

图 4-59　米槠叶、果、株形

图 4-60　鹤山市鹤城镇南星乡大坪村米槠古树（约 100 年）

23. 朴树 Celtis sinensis Pers.

榆科 Ulmaceae　朴属 Celtis

落叶乔木，高达 10 m。树皮灰色，平滑。幼枝被微柔毛。叶卵形至长椭圆状卵形，长 5 ～ 10 cm，宽 2.5 ～ 5 cm，顶端渐尖，基部圆而偏斜，上部边缘有粗锯齿，幼时两面均被柔毛，成长时毛渐脱落，背面网脉明显，薄被极微小的柔毛；叶柄长 5 ～ 8 mm，被柔毛。花生于当年的新枝上；雄花排成无总梗的聚散花序，生于枝的基部；雌花则腋生于新枝的上部。核果近球形，成熟时红褐色，直径 4 ～ 6 mm；核多少有窝点和棱背；果柄与叶柄等长或稍过之，被疏毛。花期 3 ～ 4 月；果期 9 ～ 10 月。

鹤山常见，产于各地风水林，生于山坡、平地或林边。鹤山各地常见有古树分布，见于沙坪楼冲、赤坎、越塘、中东西、鹤城城西、古劳丽水、茶山等地。现存百年古树 16 株（图 4-61 ～图 4-66）。分布于我国广东、江西、福建、台湾、江苏、浙江、山东、河南、贵州、四川、甘肃。日本、朝鲜也有分布。

朴树茎皮纤维强韧，可作绳索和人造纤维；果实榨油可作润滑油；根、皮、嫩叶入药有消肿止痛、解毒治热的功效，外敷治水火烫伤；叶制土农药，可杀红蜘蛛。树皮含淀粉、黏腋质，对二氧化硫、氯气等有毒气体的抗性强。木树坚硬，可供工业用材；树冠近椭圆状伞形，叶多而密，有较好的绿荫效果，为良好的庭园风景树和绿荫树。

图 4-61　鹤山市古劳镇丽水村心村古朴树（约 120 年）

图 4-62　鹤山市沙坪镇中东西村古朴树（约 100 年）

图 4-63　鹤山市沙坪镇越塘赤坎等地古朴树（约 100 年）

图 4-64　鹤山市沙坪镇赤坎和龙村古朴树（约 100 年）

图 4-65　鹤山市共和镇桔元村古朴树（约 100 年）

图 4-66　鹤山市沙坪镇南石领村古朴树（约 105 年）

24. 见血封喉（箭毒木）*Antiaris toxicaria* Lesch.

桑科 Moraceae　见血封喉属 *Antiaris*

乔木，高 25 ～ 40 m，胸径 30 ～ 60 cm，大树偶见有板根；树皮灰色，略粗糙；小枝幼时被棕色柔毛，干后有皱纹。叶椭圆形至倒卵形，幼时被浓密的长粗毛，边缘全缘或具锯齿，成长叶长椭圆形，长 7 ～ 19 cm，宽 3 ～ 6 cm，先端渐尖，基部圆形至浅心形，两侧不对称，正面深绿色，疏生长粗毛，背面浅绿色，密被长粗毛，沿中脉更密，干后变为茶褐色，侧脉 10 ～ 13 对；叶柄短，长约 5 ～ 8 mm，被长粗毛；托叶披针形，早落。雄花序托盘状，宽约 1.5 cm，围以舟状三角形的苞片；雄花花被裂片 4，稀为 3，雄蕊与裂片同数而对生，花药椭圆形，散生紫色斑点，花丝极短；雌花单生，藏于梨形花托内，为多数苞片包围，无花被，子房 1 室，胚珠自室顶悬垂，花柱二 裂，柱头钻形，被毛。核果梨形，具宿存苞片，成熟的核果，直径 2 cm，鲜红至紫红色；种子无胚乳，外种皮坚硬，子叶肉质，胚根小。花期 3 ～ 4 月；果期 5 ～ 6 月。

鹤山少见，仅在址山镇昆阳树下村有栽培 200 多年的古树 3 株，生于屋旁路边（图 4-67、图 4-68）。分布于我国广东、广西、海南、云南南部。印度、印度尼西亚、马来西亚、缅甸、斯里兰卡、泰国、越南也有分布。

本种树液有剧毒，人畜中毒则死亡，树液尚可以制毒箭猎兽用。茎皮纤维可作绳索。有毒成分为 α – 见血封喉甙和 β – 见血封喉甙，具有强心、加速心律、增加心血输出量的作用，在医药上有研究价值；树皮纤维细长，强力大，容易脱胶，可为麻类代用品，可作人制纤维原料。

本种为稀有种，是本属 4 种中唯一分布在我国的种，种群数量稀少。

图 4–67　鹤山市址山镇昆阳树下村见血封喉古树（约 280 年）

图 4-68　鹤山市址山镇昆阳树下村见血封喉古树（约 280 年）

25. 桂木（红桂木） **Artocarpus nitidus** Trécuil subsp. **lingnanensis** (Merr.) F. M. Jarrett

桑科 Moraceae　桂木属 Artocarpus

常绿乔木，高可达 17 m。主干通直；树皮黑褐色，纵裂。叶互生，革质，椭圆形、卵状长圆形或倒卵状椭圆形，长 4.5 ～ 15 cm，宽 2.4 ～ 7 cm，顶端钝短尖，基部楔形或圆形，全缘或具浅而不规则的钝齿，两面无毛，腹面有光泽，侧脉在叶背明显；叶柄长 0.8 ～ 1.5 cm，托叶披针形，早落。雄花序头状，单生于叶腋内，有小柔毛，倒卵形至长圆形，雄花花被 2 ～ 4 裂，基部连合，雄蕊 1 枚；雌花序近头状，雌花花被管状，花柱伸出苞片外。聚花果单生于叶腋，近球形，直径达 5 cm，嫩时有锈色小柔毛，成熟时近无毛，黄色或红色。花期 3 ～ 5 月；果期 5 ～ 9 月。

鹤山偶见，产于沙坪等地，生于旷野或山谷林中。百年古树较少，见于沙坪镇汇源石溪村、楼冲下社村，现存 3 株（图 4-69 ～图 4-71）。分布于我国广东、海南、广西、湖南、云南。越南、泰国、柬埔寨也有栽培。

桂木的果酸甜可口，生食或糖渍，或用为调料；木材供建筑；果根入药，清热开胃，收敛止血。树形优美，绿荫遮天，叶色光亮，适合作园景树。

图 4-69　桂木叶、花、果、株形

图 4-70　鹤山市沙坪镇汇源石溪村桂木古树（约 150 年）

图 4-71　鹤山沙坪镇楼冲下社村桂木古树（约 100 年）

26. 高山榕（大叶榕） *Ficus altissima* Blume

桑科 Moraceae　榕属 *Ficus*

大乔木，高可达 25 ～ 30 m。树皮灰色，平滑。幼枝绿色，被微柔毛。叶厚革质，广卵形至广卵状椭圆形，长 10 ～ 19 cm，宽 8 ～ 11 cm，先端钝，急尖，基部宽楔形，全缘，两面光滑，无毛，基生侧脉延长；叶柄长 2 ～ 5 cm，粗壮；托叶厚革质，长 2 ～ 3 cm。榕果成对腋生，椭圆状卵圆形，幼时包藏于早落风帽状苞片内，成熟时红色或带黄色，顶部脐状凸起，基部苞片短宽而钝，脱落后环状；雄花散生榕果内壁，花被片 4，膜质；雌花无柄，花被片与瘿花同数。瘦果表面有瘤状凸体，花柱延长。花期 3 ～ 4 月；果期 5 ～ 7 月。

鹤山各地常见栽培，产于公园、道路两旁。百年古树较少，见于沙坪镇楼冲、镇南及宅梧沙下村，现存 3 株（图 4-72 ～图 4-74）。分布于我国华南地区及云南、四川。不丹、印度、印度尼西亚、缅甸、菲律宾、斯里兰卡、泰国、尼泊尔、越南、马来西亚也有分布。世界热带和亚热带地区多有栽培。

树冠广阔，树姿壮观，为庭园和绿地常见的风景树和绿荫树，此外多用作行道树。又为优良的紫胶虫寄主树。

图 4-72　鹤山市沙坪镇南石领村高山榕古树（约 120 年）

图 4-73　鹤山市沙坪镇南石领村高山榕古树（约 120 年）

图 4-74　鹤山市宅梧镇沙下村高山榕古树（约 180 年）

27. 橡胶榕（印度榕） **Ficus elastica** Roxb.

桑科 Moraceae，榕属 Ficus

常绿大乔木，高达 30 m。树皮灰白色，平滑；幼小时附生，小枝粗壮。单叶互生，厚革质，长圆形至椭圆形，长 8 ～ 30 cm，宽 7 ～ 10 cm，先端急尖，基部宽楔形，全缘，表面光亮、深绿色，背面浅绿色，侧脉多，不明显，平行展出；叶柄粗壮，长 2 ～ 5 cm，全缘；托叶膜质，深红色，长达 10 cm，脱落后有明显环状疤痕。榕果成对生于已落叶枝的叶腋，卵状长椭圆形，长 10 mm，直径 5 ～ 8 mm，黄绿色，基生苞片风帽状，脱落后基部有一环状痕迹。雄花具柄，花被片 4，卵形，雄蕊 1 枚；雌花无柄。瘦果卵形，表面有小瘤体，花柱长，宿存，柱头膨大，近头状。花、果期 11 月。

鹤山偶见栽培，百年古树极少，见于鹤山龙口三洞莲塘村，现存 1 株，树龄约 100 年（图 4-75）。原产于我国云南，在我国南部地区及四川有栽培，南岭以北常做盆栽。不丹、印度、印度尼西亚、尼泊尔、缅甸、马来西亚也有分布。

生性强健，树姿雄劲，叶姿厚重，而且耐虫害，是优良的园林绿化树种，可孤植、列植或群植，既可作绿荫树种，又可作行道树；幼株可盆栽供观赏。

图 4-75　鹤山市龙口镇莲塘村橡胶榕古树（约 100 年）

28. 榕树（细叶榕） Ficus microcarpa L. f.

桑科 Moraceae 榕属 Ficus

乔木，高达 15 ～ 20 m。冠幅广展，老树常有锈褐色气生根，树皮深灰色。叶薄革质，狭椭圆形，长 4 ～ 8 cm，宽 3 ～ 4 cm，先端钝尖，基部楔形，正面深绿色，有光泽，全缘，基生叶脉延长；托叶小，披针形。榕果成对腋生或生于已落叶枝叶腋，成熟时黄或微红色，扁球形，无总梗，基生苞片广卵形；雄花、雌花和瘿花同生于一榕果内，花间有少许短刚毛；雄花无柄或具柄，散生于内壁，雄花与瘿花相似，花被片 3，柱头短，棒形。瘦果卵圆形。花果期 5 ～ 12 月。

鹤山各地常见，市区街道、庭院等有栽培。为鹤山主要古树树种，现存古树 158 株，在沙坪坡山（南门、邓边村）、楼冲（雁池、大兴、上社、何姓村）、赤坎双和村、玉桥、鹤城水浪村、古劳（上升、丽水村）、龙口（五福、三洞村）、共和亦隆村、双合马步毡、宅梧上沙村等地，现存有树龄超 150 年的古树（图 4-76 ～图 4-80）。分布于我国广东、广西、浙江、湖北、云南、福建、贵州、台湾等地，通常生长于海拔 1 900 m 以下的地区，多生长于村边或常绿阔叶林中。斯里兰卡、菲律宾、印度、马来西亚、缅甸、越南、泰国、日本、澳大利亚、巴布亚新几内亚也有分布。

榕树为重要的绿化树种，可作遮阴及防风之用，宜作庭荫树或行道树，可任意修剪成各种形状，也可作盆景。在郊外风景区宜群植成林，亦适用于河湖堤岸绿化。生命力惊人，任何环境及任何土质皆能生长，甚至依附于石上或墙上。耐盐，在海边也能生长。

图 4-76 鹤山市龙口镇粉洞古榕树（约 120 年）

图 4-77　鹤山市龙口镇粉洞古榕树（约 120 年）

图 4-78　鹤山市龙口镇湴廖村古榕树（约 150 年）

图 4-79 鹤山市鹤城镇先锋村麦屋古榕树（约 130 年）

图 4-80　鹤山市石劳镇大岗村细叶榕（约 100 年）

29. 斜叶榕 **Ficus tinctoria** G. Forst. subsp. **gibbosa** (Blume) Corner
Ficus gibbosa Blume

桑科 Moraceae　榕属 Ficus

乔木，高 5 ～ 20 m。全株有乳汁。幼时多附生。树皮微粗糙。小枝褐色。叶薄革质，排为两列，椭圆形至卵状椭圆形，长 8 ～ 13 cm，宽 4 ～ 6 cm，顶端钝或急尖，全缘，一侧稍宽，两面无毛，背面略粗糙，网脉明显，干后网眼深褐色，基生侧脉短，不延长。榕果球形或球状梨形，单生或成对腋生，直径约 10 mm，疏生小瘤体，顶端脐状，基部收缩成柄，基生苞片 3 片，卵圆形，干后反卷；总梗极短；雄花生于榕果内壁近口部，花被片 4 ～ 6，白色，线形，雄蕊 1 枚；瘿花与雄花被相似，花柱侧生。瘦果椭圆形，具龙骨，表面有瘤体，花柱侧生，柱头膨大。花果期冬季至翌年 6 月。

鹤山偶见，产于共和公路边，生于山谷林或旷野、水旁。百年古树极少，于古劳丽水村心村，现存 1 株，树龄约 120 年（图 4-81 ～图 4-83）。分布于我国广东、香港、海南、广西、福建、台湾、四川、贵州、云南、西藏。不丹、印度、印度尼西亚、马来西亚、缅甸、尼泊尔、斯里兰卡、泰国、越南也有分布。

树姿雄伟壮观，浓荫蔽地，为良好的庇荫树。树皮纤维可作人造棉。根皮、叶入药，清热、消炎、解痉。

图 4-81　斜叶榕叶、果、株形

图 4-82　鹤山市古劳镇丽水村心村斜叶榕古树（约 120 年）

图 4-83　鹤山市古劳镇丽水村心村斜叶榕古树（约 120 年）

30. 铁冬青（小果铁冬青）**Ilex rotunda** Thunb.

Ilex rotunda Thunb. var. *microcarpa* (Lindl. ex Paxton) S. Y. Hu.

冬青科 Aquifoliaceae　冬青属 Ilex

常绿乔木，高达 20 m。树皮淡灰色，小枝红褐色。叶薄革质或纸质，卵形至倒卵状椭圆形，长 4 ～ 9 cm，顶端渐尖，基部钝，全缘，两面无毛，主脉于叶面凹陷；叶柄无毛，叶柄长 8 ～ 18 mm；托叶钻状线形，早落。聚伞花序或伞形花序具（2）4 ～ 13 朵花，单生于当年生枝的叶腋内；雄花白色，4 基数，花萼盘状，4 浅裂，花瓣长圆形，纵裂，退化子房垫状；雌花序具 3 ～ 7 朵花；花白色，5 ～ 7 基数，花萼 5 浅裂，花瓣倒卵状长圆形；退化雄蕊长为花瓣的 1/2，不育花药卵形，子房卵形。果红色，近球形或椭圆形，直径 4 ～ 6 mm；分核 5 ～ 7 枚，背面具 3 纵棱及 2 沟，有时具 2 棱单沟。花期 4 月；果期 8 ～ 12 月。

鹤山各地常见，产于风水林，生于沟边、山坡常绿阔叶林及林缘。百年古树少见，于沙坪楼冲下社村、共和良庚、宅梧白水带红环村，现存 3 株（图 4-84 ～图 4-87）。分布于我国华南、华中、华东地区，以及贵州、云南。朝鲜、日本、越南（北部）也有分布。

铁冬青叶和树皮入药，凉血散血，有清热利湿之效。枝叶作造纸原料。花后果由黄转红，秋后红果累累，能产生多层次丰富景色的效果，是理想的园林观赏树种。树形洁净优雅，适作园景树、行道树或观果盆景。

图 4-84　铁冬青叶、花、果、株形

图 4-85　鹤山市共和镇良庚村铁冬青古树（约 120 年）

图 4-86　鹤山市鹤山公园铁冬青

图 4-87　鹤山市宅梧镇红环村铁冬青古树（约 120 年）

31. 黄皮 **Clausena lansium** (Lour.) Skeels

芸香科 Rutaceae　黄皮属 Clausena

常绿小乔木，高 5 ～ 10 m。小枝、叶轴、花序轴、未张开的小叶背脉上散生甚多明显凸起的细油点且密被短直毛。叶互生，奇数羽状复叶，小叶 5 ～ 11 片，长 6 ～ 13 cm，宽 2 ～ 6 cm，顶端短尖。圆锥花序顶生，白色小花，有芳香。果圆形、椭圆形或阔卵形，长 1 ～ 3 cm，横径 1 ～ 2 cm，果实多汁，味酸甜，内有 1 ～ 4 枚绿色的种子。花期 4 ～ 5 月；果期 6 ～ 8 月。

鹤山各地常见栽培或逸为野生，生于阔叶林中或屋旁。百年古树仅在沙坪镇赤坎双和村现存 1 株，为个人种植，树龄约 110 年（图 4-88、图 4-89）。原产我国南部地区。台湾、福建、广东、海南、广西、贵州南部、云南及四川金沙江河谷均有栽培。越南也有分布。世界热带及亚热带地区间有引种。

黄皮是中国南方特色果品之一，含丰富的维生素 C、糖、有机酸及果胶，果皮及果核皆可入药，有消食化痰、理气功效，用于食积不化、胸膈满痛、痰饮咳喘等症，并可解郁热，理疝痛，叶性味辛凉，有疏风解表，除痰行气功效，用于防治流行性感冒、温病身热、咳嗽哮喘、水胀腹痛、疟疾、小便不利、热毒疥癞等症；根可治气痛及疝痛。果可加工成果冻、果酱、蜜饯、果饼及清凉饮料等或盐渍、糖渍。素有“果中之宝”之称。黄皮生性强健，适作园景树、诱鸟树。

图 4-88　黄皮叶、花、果

图 4-89　鹤山市沙坪镇赤坎双和村黄皮古树（约 110 年）

32. 橄榄（白榄）Canarium album (Lour.) Raeusch.

橄榄科 Burseraceae　橄榄属 Canarium

乔木，高 10 ～ 25m。小枝幼部被黄棕色绒毛，后脱落；髓部周围有柱状维管束。有托叶，仅芽时存在，着生于近叶柄基部的枝干上。小叶 3 ～ 6 对，纸质至革质，披针形或椭圆形，长 6 ～ 14 cm，背面有极细小疣状凸起，基部偏斜，全缘，中脉发达。花序腋生；雄花序为聚伞圆锥花序，雌花序为总状花序。果序具 1 ～ 6 个果；果萼扁平，萼齿外弯。果卵圆形至纺锤形，成熟时黄绿色；外果皮厚，干时有皱纹；果核渐尖，横切面圆形至六角形，在钝的肋角和核盖之间有浅沟槽，核盖有稍凸起的中肋，外面浅波状；种子 1 ～ 2 枚。花期 4 ～ 5 月；果期 10 ～ 12 月。

鹤山偶有栽培，或逸为野生，见于宅梧泗云元坑村风水林中，百年古树少见，沙坪楼冲上社村现存一株，树龄约 100 年（图 4-90、图 4-91）。分布于我国广东、海南、广西、福建、台湾、贵州、四川、云南。生于沟谷河山坡次生林中。越南、泰国、老挝、缅甸、菲律宾、印度以及马来西亚等国家也有分布。

橄榄果为岭南佳果之一，有生津止渴的功效，可鲜食或加工。树干通直，树冠宽广，枝繁叶茂，为优良的庭园风景树、绿荫树、防风树和行道树。

图 4–90　橄榄叶、花、果

图 4-91　鹤山市沙坪镇楼冲上社村橄榄古树（约 100 年）

33. 红椿 Toona ciliata Roem.

楝科 Meliaceae　香椿属 Toona

乔木，高达 20 m。树皮灰褐色，鳞片状纵裂；羽状复叶，长 25 ～ 40 cm；小叶 7 ～ 8 对，长 8 ～ 15 cm，宽 2.5 ～ 6 cm；圆锥花序顶生；花长约 5 mm，花萼短，五裂；花瓣 5，白色，长圆形，长 4 ～ 5 mm；雄蕊 5，约与花瓣等长；蒴果长椭圆形，木质，干后紫褐色，有苍白色皮孔，长 2 ～ 3.5 cm；种子两端具翅，翅扁平，膜质。花期 3 ～ 6 月；果期 10 ～ 12 月。

鹤山偶有栽培。百年古树少见，古劳镇茶山山顶现存一株，树龄约 150 年 (图 4-92、图 4-93) 。分布于我国福建、湖南、广东、广西、四川和云南等地区。多生于低山缓坡谷地阔叶林中。印度、中南半岛、马来西亚、印度尼西亚也有分布。

木材深红褐色，边材色淡，纹理通直，结构细致，花纹美观，材质轻软，防虫耐腐，干燥快，变形小，加工容易，油漆及胶粘性能良好，是建筑、家具、船、车、胶合板、室内装饰良材。树皮含单宁 11% ～ 18%，可提制栲胶。

本种为渐危种，是我国珍贵的速生用材树种，有中国桃花心木之称。国家 II 级重点保护野生植物（国务院 1999 年 8 月 4 日批准）。

图 4-92　红椿叶

图 4-93　鹤山市古劳镇茶山红椿古树（约 150 年）

34. 龙眼 Dimocarpus longan Lour.

Euphoria longan (Lour.) Steud.; *E. longana* Lam.

无患子科 Sapindaceae　龙眼属 Dimocarpus

常绿乔木，高约 10 m。有板状根；小枝粗壮，被微柔毛，散生苍白色皮孔。偶数羽状复叶互生，小叶 4 ～ 5 对，很少 3 或 6 对，小叶革质，长圆形，两侧常不对称，长 6 ～ 15 cm，宽 2.5 ～ 5 cm；侧脉 12 ～ 15 对，仅在背面凸起。圆锥花序顶生或腋生，小花黄白色，杂性；花梗短；萼片近革质，三角状卵形；花瓣乳白色，披针形，与萼片近等长。核果球形，直径 1.2 ～ 2.5 cm，通常黄褐色或有时灰黄色，外面稍粗糙，或少有微凸的小瘤体，熟时果皮壳质。花期 3 ～ 4 月；果期 7 ～ 8 月。

鹤山各地常见栽培，古树见于沙坪镇楼冲上秦、竹树坡、大兴村、赤坎大社、双和村、雅瑶昆东、共和里村等，现存 11 株，如沙坪楼冲上秦村现存 1 株约 200 年古树，生长状况仍然较好（图 4-94 ～图 4-97）。原产于我国华南地区和云南，分布于广东、广西、海南、福建和台湾等地区，四川、云南和贵州也有小规模栽培。东南亚等地也有分布。亚热带地区有栽培。

龙眼是我国著名的南国水果，常与荔枝相提并论；经济用途以作果品为主，因其假种皮富含维生素和磷质，有益脾、健脑的作用，故亦入药。种子含淀粉，经适当处理后，可酿酒。木材坚实，甚重，暗红褐色，耐水湿，是造船、家具、细工等的优良用材。可用来作行道树或庭园树。

图 4–94　龙眼叶、花、果

图 4-95　鹤山市沙坪镇玉桥龙眼古树（约 120 年）

图 4-96　鹤山市雅瑶镇昆东龙眼古树（约 100 年）

图 4-97　鹤山市沙坪镇竹树坡龙眼古树（约 100 年）

35. 荔枝 Litchi chinensis Sonn.

无患子科 Sapindaceae　荔枝属 Litchi

常绿乔木，高约 10 m。树皮灰黑色；小枝圆柱状，褐红色，密生白色皮孔。小叶 2 ～ 3 对，较少 4 对，薄革质或革质，披针形或卵状披针形，有时长椭圆状披针形，长 6 ～ 15 cm，宽 2 ～ 4 cm，叶正面亮绿有光泽，叶背面粉绿；侧脉常纤细，在腹面不很明显，在背面明显或稍凸起。花序顶生，阔大，多分枝；萼被金黄色短绒毛；雄蕊 6 ～ 7 枚，有时 8 枚，花绿白色或淡黄色。果卵圆形至近球形，长 2 ～ 3.5 cm，果熟时核果果皮暗红，密生瘤状突起。种子褐色发亮，为白色多汁肉质甘甜的假种皮所包。花期春季；果期夏季。

鹤山各地常见栽培，百年古树极少，在沙坪镇汇源元溪村、赤坎坎头村、共和良庚，现存 4 株 (图 4-98 ～图 4-100)。原产于我国广东、海南，在我国南方广泛栽培。老挝、马来西亚、缅甸、菲律宾、新几内亚、泰国、越南也有分布；亚热带地区广泛栽培，非洲、美洲和大洋洲都有引种记录。

我国岭南佳果，色、香、味皆美，有“果王”之称。树形开阔呈圆形，枝叶茂盛，果色红艳，是优良的观果树、园景树。

图 4-98　鹤山市共和镇良庚村荔枝古树（约 120 年）

图 4-99　鹤山市共和镇良庚村荔枝古树（约 120 年）

图 4-100　鹤山市沙坪镇汇源元溪村荔枝古树（约 100 年）

36. 杧果 Mangifera indica L.

漆树科 Anacardiaceae　杧果属 Mangifera

常绿乔木，高 10 ～ 20 m。单叶互生，常聚生枝顶，薄革质叶，叶的形状和大小变化较大，通常为长圆状披针形或长圆形，长 12 ～ 30 cm，宽 3.5 ～ 6.5 cm，先端渐尖、长渐尖或急尖，基部楔形或近圆形，边缘皱波状；侧脉 20 ～ 25 对，斜升，两面突起。圆锥花序顶生，长 20 ～ 35 cm，尖塔形，多花密集；苞片披针形，长约 1.5 mm；花小，杂性，黄色或淡黄色；萼片 5 枚，卵状披针形；花瓣 5 枚，长圆形或长圆状披针形，长 3.5 ～ 4 mm，宽约 1.5 mm。核果大，卵圆形、长圆形或近肾形，外果皮成熟时黄色。花期 3 ～ 5 月；果期 5 ～ 7 月。

鹤山各地常见栽培， 百年古树极少见，仅在鹤山古劳镇上升现存 1 株树龄约 100 年（图 4-101、图 4-102）。分布于我国海南、广东、广西、云南等地。原产于印度、马来西亚、缅甸。世界热带、南亚热带各地广为引种栽培，在中东、非洲东南部、美洲中南部和美国夏威夷、澳大利亚等地区都有商业性栽培。

杧果素有“热带果王”之称，与香蕉、菠萝并称世界三大名果。其树形美观，叶色常绿，抗污力强，适合作园林绿化及行道树。

图 4-101　杧果叶、花、果

图 4-102　鹤山市古劳镇上升杧果古树（约 100 年）

37. 倒吊笔 Wrightia pubescens R. Br.

Wrightia kwangtungensis Tsiang

夹竹桃科 Apocynaceae 倒吊笔属 Wrightia

乔木，高 8 ～ 20 m。胸径可达 60 cm，含乳汁；树皮黄灰褐色，浅裂；枝圆柱状，小枝被黄色柔毛。叶坚纸质，每小枝有叶片 3 ～ 6 对，叶正面深绿色，被微柔毛，叶背面浅绿色，密被柔毛；叶脉在叶面扁平，在叶背凸起，侧脉每边 8 ～ 15 条；叶柄长 0.4 ～ 1 cm。聚伞花序长约 5 cm；总花梗长 0.5 ～ 1.5 cm；花冠漏斗状，白色、浅黄色或粉红色，花冠筒长 5 mm，裂片长圆形，顶端钝，长约 1.5 cm，宽 7 mm。种子线状纺锤形，黄褐色，顶端具淡黄色绢质种毛；种毛长 2 ～ 3.5 cm。花期 4 ～ 8 月，果期 8 月至翌年 2 月。

鹤山极少见，生于村旁。在鹤山宅梧镇发现 1 株，树龄约 170 年，在桃源镇甘棠现有 1 株，约 100 年（图 4-103 ～图 4-105）。分布于我国广东、广西、贵州和云南。印度、泰国、越南、柬埔寨、马来西亚、印度尼西亚、菲律宾和澳大利亚等国家也有分布。

倒吊笔木材质地优良，可作家具、图章雕刻、乐器。树皮纤维可制人造棉及造纸。树形美观，庭园中可作栽培观赏树。其根和叶入药，可用于治疗颈淋巴结结核，用于治疗感冒发热等。

图 4-103 鹤山市桃源镇甘棠倒吊笔古树（约 100 年）

图 4-104　鹤山市宅梧镇果园村倒吊笔古树（约 170 年）

图 4-105　鹤山市宅梧镇果园村倒吊笔古树（约 170 年）

38. 山牡荆 *Vitex quinata* (Lour.) F. N. Williams

马鞭草科 Verbenaceae　牡荆属 *Vitex*

常绿乔木，高 4 ～ 12 m。树皮灰褐色至深褐色。小枝四棱形，有微柔毛和腺点。掌状复叶，对生，3 ～ 5 片小叶，倒卵形至倒卵状椭圆形，常全缘，叶正面常有灰白色小窝点，叶背面有金黄色腺点。聚伞花序对生于主轴上，排成圆锥状，顶生，密被棕黄色，二唇形；雄蕊 4 枚，伸出花冠外，花丝基部变宽而无柔毛。核果球形或倒卵形，熟后黑色。花期 5 ～ 7 月；果期 8 ～ 9 月。

鹤山各地常见，产于共和里村风水林、宅梧泗云管理区元坑村风水林、宅梧东门村风水林，生于山坡林中。百年古树见于沙坪赤坎和龙村及古劳茶山山顶等地，现存 14 株（图 4-106 ～图 4-109）。分布于我国华南、华东地区以及湖南、贵州、云南、西藏。东南亚及日本、印度也有分布。

山牡荆又可作门、窗等用材。适宜栽培作园景树。

图 4-106　鹤山市古劳镇茶山山牡荆古树（约 150 年）

图 4-107　鹤山市沙坪镇和龙村山牡荆古树（约 200 年）

图 4-108　鹤山市古劳镇茶山山牡荆古树（约 150 年）

图 4-109　鹤山市古劳镇茶山山牡荆古树（约 150 年）

第五章　古树名木的保护和复壮技术

第一节　古树名木衰老及死亡原因

和其他生物一样，古树名木同样都要经历生长、发育、衰老、死亡的过程，这是不可抗拒的自然规律。但是我们可以通过研究了解古树名木衰老、死亡的原因，采取适当的措施来延缓这些古树名木的衰老过程，延长他们的生命，也可利用现代技术手段促使其进行自我更新、复壮，从而使古树名木恢复生机。从古树名木的生命周期上看，相当一部分百年古树正处于旺盛生长阶段。从生物学角度上去看，树木由衰老到死亡不是简单的时间推移过程，而是复杂的生理生态过程以及环境因子间的相互作用、相互影响的一个动态变化过程，其受树种本身遗传特性、环境因子以及人为因素等诸多因素综合作用的结果（关俊杰，2007）。

一、树木自身原因

自然衰老死亡，是由树木自身特点决定的，是树木自然生长消亡过程。

这是由树种遗传特性所决定的，每个树种都有其特定的生长发育及自然衰老死亡过程。随着树龄的逐渐增加，树木生理机能也出现下降，如树体筛管与导管中的沉积物逐渐增多，树液在树体内的流通不畅，从而使养分输送的速度变慢，导致树叶变小，枝干变脆，易折断，光合作用能力也相对有所降低。导致根系生长缓慢，新生的细根距树干越来越远，根系所吸收的水分及养分输送至主干的距离增长，致使根系吸收水分、养分的能力也越来越差，逐渐不能满足地上部分的需要，树木生理失去平衡，从而导致部分古树慢慢枯萎死亡（关俊杰，2007）。这是树木正常的生老病死，是不可逆转的自然规律。

二、自然灾害或外界原因

由于自然灾害或者外界因素的影响，导致树木受损，影响树木正常生长。主要原因有以下几个方面：

（一）台风对古树造成的危害

7 级以上的大风，尤其是台风、龙卷风等，对古树造成的损害非常严重，瞬间的大风经常吹折枝干或撕裂大枝，严重时可将树干拦腰折断甚至连根拔起，是比较常见的危及古树的安全、造成古树枯萎，甚至死亡的因素（莫栋材等，1995）。特别是古树或多或少都受到过蛀干害虫、白蚁等的危害，枝干往往都已中空、腐朽或有树洞，更容易受到风折的危害。枝干的损害则直接造成叶面积减少，光合能力下降。断裂处还容易引发病虫害，也加速了白蚁等虫害的发生，使本来生长势弱的树木变得更加衰弱，严重时可直接导致古树死亡（吴泽明，2003）。在南方 6 ～ 9 月，台风、强对流天气频繁发生，极易造成古树受损。尤其是细叶榕，树冠大，分枝多，如果没有足够的气生根支撑，容易造成风折甚至连根拔起（图 5-1）。

（二）雷电对古树造成的危害

古树高耸突兀、树冠巨大而且带电荷量大，遇到暴雨及强对流天气，容易受到雷电的袭击，导致树冠枝叶被雷击烧焦干枯、大枝劈断或者是树干树皮开裂，使树体生长受损，树势明显衰弱（吴泽明，2003）。受南方季风性气候的影响，4 ～ 9 月多为强对流天气，台风及雷击时有发生，对古树名木造成的影响也非常普遍。因此给重要的、具有保护价值的古树设置避雷针，是古树名木养护管理中的重要措施。在鹤山古树调查中就有址山镇的 1 株见血封喉，遭受严重雷击后只剩下主干，仅存少量的枝叶，很难进行自我恢复，而旁边两株未受影响的树木则生长得非常茂盛。雅瑶镇清溪村的格木及大岗车山村的马尾松，都可见被雷击的痕迹（图 5-2）。

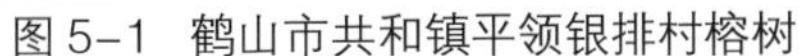

图 5-1　鹤山市共和镇平领银排村榕树

图 5-2　鹤山市址山镇见血封喉遭雷击现象

（三）雨淞、冰雹等冰雪灾害对古树造成的危害

雨淞、冰雹是空气中的水蒸气遇冷凝结成冰的自然现象，多发生在 4 ～ 7 月份，以北方居多，这种灾害性天气发生概率虽然较少，但一旦发生，大量的冰凌、冰雹压断或砸断树枝，对树体造成不同程度的破坏，不仅影响树木生长，严重的甚至可导致树木死亡（吴泽明，2003）。这种现象南方虽然比较少见，但一旦发生，其所造成的危害极大。如 2008 年春节前夕，我国南方出现大规模的冰雪灾害，不仅造成了大量古树名木受损，即使是健康的树木受损也非常严重。据相关统计，在此次冰雪灾害中，林业受到重创，全国受损森林面积 0.19 亿 hm^2，相当于全国森林面积的十分之一，林业直接经济损失达 573 亿元。而且有研究表明，这场冰雪灾害产生了大量的枯枝落叶，在相当一段时间内对夏季森林火灾的影响作用非常明显（张思玉，2008）。

（四）干旱对古树造成的危害

持续的干旱，可使古树发芽推迟，枝叶生长量变小，光合作用减弱。节间变短，叶子因失水而发生卷曲，严重的甚至可使古树落叶，小枝枯死，导致病虫侵袭，从而加速古树的衰老过程（吴泽明，2003）。有研究表明，近年来持续干旱，导致了我国华东 50 多万 hm^2 太白山油松和中国西南地区云南松大面积死亡（李传林等，2014）。由于全球气候变化，极端天气现象如局部超强降雨、大范围持续干旱、酸雨等频繁发生，对古树造成的危害可能也是空前的。

（五）地震对古树造成的危害

这种自然灾害虽然极少发生，但对于枯枝多、形成空洞、开裂、树势倾斜的古树来说，往往会造成树木倾倒或干皮进一步开裂，甚至死亡（吴泽明，2003）。

（六）附生、寄生、绞杀等对古树造成的危害

一种或多种植物附生或寄生在古树身上，有的植物攀爬、缠绕在古树身上，与古树争夺光照、营养，甚至直接从古树身上吸收养分，影响古树健康生长，严重的会将古树绞杀致死。最为典型的为榕属植物，其果实被鸟取食后，种子不易消化，排泄到其他树木的枝丫或树皮裂隙中，遇到适宜环境，种子在其他树木上生根发芽，加上须根的附着力特别强，沿着寄主树干到达地面，直入土中，不断增粗并分枝，相互攀爬缠绕，不断交叉、融合，形成网状将寄主树干紧紧包围。如常见的“榕抱樟”“榕抱松”等现象，其实是榕树在抢夺寄主树的养分和阳光。最终榕树将绞杀并取代其附生树木(庄晨辉等，2013）（图 5-3）。

（七）强降雨等对古树造成的危害

南方降雨量大，降雨集中，随着城市化进程的加快，城市人口急剧增加，而城市建设滞后，道路积水、水浸街现象时有发生，会出现部分古树因积水而导致死亡的现象。如广州市一些老城区，也是古树名木比较集中的区域，但往往一场大雨就能使大半个城市出现水浸现象。现阶段我国城市化发展进程还在加快，人口相对比较集中，而且长期以来城市建设严重滞后，这些问题将日显突出，由此造成的对古树名木的破坏也是一个不容忽视的因素。

图 5-3　鹤山市宅梧镇榕树绞杀现象

三、病虫害对古树造成的危害

古树长期经受逆境条件，具有较高的抗性，病虫害发生率与一般树木相比要少得多，特别是致命的病虫宜更加少见。但同时古树经历的年代久远，生长发育不再旺盛，已经开始步入衰老甚至死亡的生命阶段，而且大多数也遭受了各种自然因素影响以及人为伤害，往往造成树皮破损、根系受伤、形成树洞或者主干中空乃至主枝枯死、树体失衡甚至倾斜；加上日常管理维护不善，生长空间受限，导致树体衰弱，为病虫害入侵提供了条件。对已经遭到病虫危害的古树，没有进行及时和有效的防治，树势衰弱的速度将进一步加快，最终导致树木衰亡。为减缓病虫害对古树造成的影响，北京市园林科学研究所从 20 世纪 80 年代开始，对北京地区的古树开展了系统调查和长时间的跟踪，表明病虫害是造成古树衰弱甚至导致死亡的重要因素之一。影响较严重的害虫大致分为三类：第一类是先期害虫，如红蜘蛛、蚜虫、松针蚧、柏毒蛾、松毛虫等，这类害虫分布广、繁殖快、数量多、为害时间长。第二类是次期害虫，主要是蛀干害虫如小蠹虫、天牛等（李锦龄，1998；吴泽明，2003；宋涛，2008；吴芳芳等，2014）。这类虫害使主干受损，严重的可导致树木折断。第三类是后期害虫，如白蚁等。其破坏力大，危害最为严重，往往蛀空树木主干，形成巨大空洞，破坏了古树正常的输导系统和机械支撑力，导致树木倒伏或死亡。而且白蚁蚁巢隐秘性极强，防治较为困难。广州市园林科学研究所等单位较早开展了白蚁对古树危害的系统调查，结果表明，广州市约有 30 % 的木棉古树受到白蚁的危害，防治白蚁已到了刻不容缓的地步（莫栋材等，1995；刘晓燕，1997；徐志平等，2012；张乔松等，2002；叶广荣等，2014）。对于南方现存数量最多的榕树和樟树来说，超过百年的古树，大部分都会出现中空，木质部腐烂，受害后容易造成倒伏，甚至危及人民生命安全。另外，一个不容忽视的问题是鼠类对树根的啃食等，其危害程度更大，也加剧了其衰亡的速度。这在一般的调查研究中较少提及，其实在城市古树中，这已经是一个比较突出的问题。在调查古树资源过程中，我们发现城市大部分的古树生存现状并不乐观，很多古树周边即为杂物甚至是垃圾堆放点，古树天然形成的空洞就成为了鼠虫的乐园。这不仅影响古树生长，而且对城市环境也造成较大影响，所以加强对古树的保护，需综合考虑多种因素。已遭受病虫危害的古树，若得不到及时有效的防治，必将加快其衰老的进程，危害其生存甚至导致死亡。在古树管理保护工作中，有效地控制病虫害的危害，是一项极其重要的措施（图 5-4）。

图 5-4　鹤山市沙坪镇沙坪向前村榕树（150 年）

四、人类活动干扰的影响

古树名木大部分分布在人口密集的城市，如一些历史文化名城、旅游及风景名胜区，只有少部分分布于偏远的农村，甚至人迹罕至的地方。由于人类活动长期干扰，改变了古树原来的生长环境，造成立地条件变化、土壤条件恶化、生长空间受限等，进一步加剧树木的衰老进程。

（一）古树生存的立地条件变差

土壤是古树赖以生存的重要物质基础，由于长期人类活动影响造成土壤条件的恶化。如长期践踏导致土壤板结，密实度过高，使根系呼吸受阻，吸收水分养分受到限制；土壤理化性质恶化，土壤污染等，导致养分供应不足，是造成古树名木树势衰弱的直接原因之一。在城市建设过程中，道路硬质化、房屋建造、市政建设施工等，没有或者很少考虑古树生长空间的需要；或者缺乏对古树保护的意识，在古树下随意堆放石灰、水泥等建筑材料，致使土壤理化性质恶化、土壤污染等，直接造成根系腐烂甚至坏死（吴泽明，2003；吴芳芳等，2014）。在古树调查中发现，很多古树周边都随意堆放杂物、垃圾，周边环境恶化，严重影响古树生长，其主要表现为如下两个方面：

1. 土壤密实度过高，影响土壤水分运动及养分吸收

我国古树资源大部分存在于城市、历史文物保护地或者是旅游风景区内，随着城市的快速发展，古树赖以生存的土壤条件发生了巨大变化，立地环境受到严重破坏，大部分古树都被钢筋混凝土所围困。有研究表明，广州市现存古树资源中，40% 以上主干基部及树头周围都被水泥覆盖，导致古树根系呼吸受阻，吸收水分、养分的功能受到严重阻碍（莫栋材，1995；张乔松等，2002；吴泽明，2003）。或者是被房屋等建筑物所围困，导致树木生长空间受到极大限制。无论是城市还是乡村，由于长期人类活动的干扰，使古树赖以生存的土壤板结、透气性差、土壤理化性质恶化，土壤肥力不足，土壤污染日益严重等，严重制约了树木根系呼吸和正常生长，使古树生存条件受到严重威胁。在对广州市 215 株木棉古树立地条件调查中，发现立地土壤疏松至较疏松的只有 28 株，仅占 13 %；中等状态有 86 株，

占 40 %，而紧实至极紧实的有 101 株，占 47 %（叶广荣等，2014）。一些风景名胜区的古树名木周围的地面受到频繁的践踏，导致土壤板结，土壤团粒结构遭到破坏，透气性能变差以及自然含水量降低，树木根系呼吸困难，须根减少且无法伸展；板结也导致了土壤层渗透能力降低，降雨大部分随地表流失；树木得不到充足的水分、养分，致使根系生长受阻，树势日渐衰弱。

2. 土壤理化性质恶化

随着人口快速增长，古树赖以生存的土壤环境恶化，污染问题日益严重，在古树周边乱排污水，乱倒垃圾，乱堆水泥、石灰、废渣等城市垃圾，农村古树随意堆放杂物、垃圾等现象屡见不鲜。从而导致土壤酸化、盐碱化，甚至造成较为严重的土壤污染，如含盐量增加，土壤 pH 值降低，直接影响古树的生长，加速了古树的衰老（吴泽明，2003）。由于土壤贫瘠，水土流失严重，甚至根系裸露，使古树根系吸收养分、水分的面积减小，汲取的水分、养分不能维持其正常生长，加速古树的衰老甚至死亡（图 5-5）。

图 5–5　榕树根系裸露现状

（二）古树生长空间受阻

随着城市化进程的加快，土地资源紧缺，城市建设与古树保护的矛盾日益突出，城市古树更是在狭缝中重生，生存空间大打折扣。古树名木被建筑物所围困，其生长空间受到极大的限制，严重影响树木生长，导致古树生长衰弱。枝干生长也严重受阻，偏冠现象比较严重。有相关调查表明，广州市区 14% 的在册古树中，存在不同程度周围空间被建筑物所侵占。甚至连树干或树枝都被利用来搭棚建屋（张乔松等，2002）。在自然灾害等外力作用下，常使枝干折损、折断，对高大树木破坏性更大。在鹤山古树中比较典型的如宅梧镇靖村的水松，周边房屋包围，水松就生长在房屋的墙边，对树木生长造成较大的影响，所幸的是当地人们非常爱惜这株宝树，才得于幸存至今。还有沙坪镇原榕园宾馆内的一株细叶榕，周边全部被建筑物包围，古榕树已经在一个停车棚内部，树干部位留在车棚内，枝叶繁茂，全部伸展在车棚的铁皮屋顶上，在房屋中间狭处重生的古树也比比皆是（图 5-6）。

（三） 环境污染问题等造成的危害

随着我国现代化、工业化快速发展，环境污染问题日益严重，如工厂排放的大量粉尘，工业废水、废气直接排放；城市化进程中，大量人口涌入城市，人们直接排放的生活污水、垃圾以及汽车尾气排放等，都直接和间接地影响了城市古树的生长，加速衰老的进程。一方面，古树本身长势较弱，环境变化如大气污染，影响树木光合作用和呼吸作用，

图 5-6　鹤山市沙坪镇越塘古榕树（约 110 年）

使古树的生长发育受到抑制。大量污水、污泥、垃圾等污染物的堆放，对古树的根系造成直接伤害，如根系发黑、畸形生长，侧根萎缩、细短而稀疏，根尖坏死等；另一方面，表现为对根系的间接伤害，如抑制光合作用和蒸腾作用，使树木生长量减少，物候期异常，生长势衰弱等，易遭受病虫危害，促使或加速其衰老进程，甚至导致古树死亡（吴泽明，2003）。

（四）人为因素对古树造成的直接损害

人类活动干扰对古树的直接损害也相当普遍，如不合理的砍伐、城市扩容、基础设施建设、居民动迁等都直接影响古树的生存空间，在树上乱画、乱刻、乱钉钉子等破坏活动，使树体受到严重损害等，直接导致古树名木生长条件恶化，加速其衰老（吴泽明，2003）。还有一些极端案例，就是人为火灾，如鹤山市龙口镇古造村的樟树，由于小孩子烧蜂窝，导致树木中间被烧成中空等也是不容忽视的。

综上所述，造成古树名木衰老甚至死亡的因素很多，既有树木自身特点及其遗传特性决定的，也有不可抗拒的自然因素引起的，以及病虫害危害和人类干扰所造成。通过对这些因素进行综合分析和研究，可以深入了解和揭示古树名木衰老死亡的原因，提出针对古树名木管理、养护以及衰老复壮的技术方法，为科学制定合理的古树名木养护管理措施提供依据。

第二节　古树名木养护及其衰老复壮技术

随着社会不断进步，人们意识逐步提高，古树名木的经济价值、观赏价值和研究价值逐渐被人们所认识，保护、管理和利用地方古树名木资源，开始得到各级政府和社会的广泛关注与高度重视。我国在古树名木衰老原因及复壮技术方面做了大量的研究，以北京市为例， 早在1980年就成立了古树研究小组，对本市及其他地方的古树进行了一系列研究，1980～1984年对古松、古柏生长衰弱原因及复壮措施进行系统研究，探索其衰弱的原因，试验并取得了一些有效的复壮方法，并且发现早在远古时代，人们就通过地下处理、挖井通气等方法对古树实施保护；自1986年开始实施古树生长环境调查，探索古树生存的最佳环境因子；其后又对古树生长、衰老的形态、结构方面进行探索，分析古树吸收和代谢功能，了解古树衰老的症状和特征，进行古树衰亡方面的监测和预防（李锦龄，2001）。从20世纪60年代开始，对古树复壮中最重要的内容之一古树树洞修补进行了大量的探索，在修补材料及技术方法等方面进行了大量的研究。最初采用水泥灰浆、沥青混合材料、木栓、橡皮块等材料填入洞穴和洞穴周边，整平、涂上紫虫胶或紫胶脂的方法。从70年代开始，选用聚氨酯泡沫作为树穴填充材料，再进行表面整形，涂树漆等。近年来，筛选了一批新优防腐剂和填充胶品，进行树皮仿真修补等（李玉和等，2010）。在对古树复壮中土壤改良方面，1989年北京市开始将一种新型缓效肥料——棒状被膜长效树肥，应用于衰老古树的复壮，取得了良好效果。对1 000余株衰老的古树采用改良土壤结构，如挖复壮沟、埋通气管和设置渗水井、施用复壮基质、补充氮、磷、铁等元素，合理灌水并结合病虫害防治，适当整形修剪等综合技术措施，复壮效果达到90%以上，使许多衰弱、濒于死亡的古树起死回生，重新焕发了青春，为古树的复壮与栽培养护积累了成功的经验（吴泽明，2003）。广州市从1991年开始进行该市古树养护复壮技术研究，采用改善立地条件、修补树洞的材料筛选、病虫害防治和人工引气根等复壮技术，实施古树复壮。如利用钻孔施药处理和诱杀法处理等方法，对古树白蚁进行防治。在树洞修补技术方面，研制了50%水泥+50%砂+弹性环氧胶的修补材料，适合于南方高温多雨的气候条件（莫栋材等，1995）。对南方现存数量最多的榕树复壮技术，采取埋干促根法（林文斌，2013）和人工引气根等技术方法，有效地加速气生根的生长速度（莫栋材等，1995），从而快速形成新的支撑点，取得较好的效果。

近年来，各地对古树名木管理、复壮技术也进行大量的研究，在古树的复壮和养护管理等方面，做了大量的探索与实践，并且不断引进和利用现代技术和仪器设备，进行更加深入的探索。如北京市古树专家采用放射性元素示踪、电镜扫描等先进技术手段，对营养元素在古树体内吸收、输导的时间与运动轨迹等生理代谢功能进行研究，更深层次地揭示古树养分吸收、运输和利用过程；对不同生长环境中衰弱的古树进行监测，捕捉树体内出现的衰老物质，以寻求影响古树正常生长的一些定性、定量参数，为制定一套行之有效的古树复壮综合养护技术，预防、延缓古树衰老的方法等方面提供科学依据（吴泽明，2003）。广州市引进了探地雷达，利用“树木根系雷达探测”技术，对古树实施体检，了解其根系生长、分布状况，对其健康情况进行科学评估，为有效保护古树提供科学依据。通过根系雷达的分析，科研人员可以掌握古树的根系支撑力，病虫害危害情况，为古树养护管理、复壮等提供数据支撑。引进PICUS弹性波树木断层画像诊断装置，对树木主干的健康情况进行探测。其基于健康及受损树木的木质部对声音传导速度不同，PICUS分析程序会将树木横截面不同声导特性以不同颜色标示，深色代表高传导速度区，即健康树木，其他颜色区域即受损树木或者其他介质。一旦发现受损区域，通过进一步分析，了解树木受损情况和原因，及时采取有效措施解决问题，达到快速诊断，快速处理的目的，实施对古树名木的有效保护。

即使如此，在古树名木管理、保护和复壮等方面，仍然存在诸多问题。其中最主要的是缺乏一些实用技术，没有技术规范可依，保护管理责任不明确以及养护复壮等方面的专项经费短缺等，导致了不少地方对古树名木的管理养护问题比较突出。目前也只有少数地区发布或编写了有关古树名木管理、保护、养护及复壮等方面的技术规范，如2004年天津市建设管理委员会发布《天津市古树名木保护与复壮技术规程》（DB29-92- 2004），2009年北京市制定了《古树名木保护复壮技术规程》（DB11/T 632-2009）。这些地方标准的出台，为各地古树名木规范管理提供了参考和借鉴的依据。

一、古树名木的日常养护与管理措施

（一）防止古树倾倒，需对树干进行支撑、加固处理

由于年代久远，很多古树主干已经中空，支撑能力较差，主枝常有干枯死亡现象；冠幅不平衡，树体倾斜；树势衰老，枝条脆弱以及病虫害危害等等。遇到大风暴雨容易倒伏或者折损，甚至造成人员伤亡，需要对这些古树进行支撑或加固处理（吴泽明，2003）。有些几百年甚至上千年的古树，受损已经非常严重，只能依靠其他支撑方法进行保护。在鹤山古树中比较典型的有鹤山龙口镇古造村的一株几百年的樟树，由于受火烧影响，树的主干从底部直至顶端都被烧成中空，如不加以支撑保护，肯定会断裂倒伏。为保护该株古树，当地村民自筹资金，用三根电线杆进行支撑，并实行护土护根，古樟树得以重新焕发生机。对主枝受损或者一些病虫害危害严重的古树，也可采用不同的固定环、套等，用钢管等连接固定（图 5-7）。

图 5–7　鹤山市龙口镇中七榕树 (110 年)

（二）预防腐烂和病虫害入侵，需及时对树干伤口、树洞等进行处理和修复

由于古树已经进入生长衰退期，对各种外因所造成的树体的伤害，其恢复能力逐渐减弱。如枝干上因病虫害、风吹日晒等造成的伤口，首先应当用锋利的刀刮净削平四周，使皮层边缘呈弧形，然后用药剂如硫酸铜溶液、升汞溶液、石硫合剂等进行消毒、杀菌及防腐等处理。修剪造成的伤口，应将伤口削平然后涂上一些保护剂，选用的保护剂要求容易涂抹，黏着性好，受热不融化，不透雨水，不腐蚀树体等，同时又有防腐、消毒、杀菌等作用，如铅油、接蜡等均可。由于雷击使枝干受伤的树木，应将烧伤部位锯除并涂保护剂（吴泽明，2003）。对于树洞处理也可采用传统的桐油加一些辅料，定期进行处理，并保持干燥、通风透气，防止进一步腐烂和次生病虫害危害（图 5-8）。

（三）加强土壤管理，改善地下生长环境

如挖复壮沟、渗水井，铺装透气管或者栽种地被植物，安装通气管，甚至改土换土，增加土壤透水、透气性，并进行适当深翻，增施有机肥。在风景旅游区及其他人流密集地的古树，建设围栏进行防护，防止长期人为践踏造成土壤板结。对已经板结的地面进行打孔处理或者铺装通气管。对树冠投影面积下的地表实行覆盖，如铺碎木屑、树皮等，增加土壤的透气、透水性，提高其保水保肥能力。情况严重的最好采取改土换土处理（吴芳芳等，2014）。对于城市古树，大部分生长空间受到一定阻滞，注意及时清理树桩周围的杂物、垃圾，减少混凝土铺装，增加透水透气能力，扩大树干周围的绿地面积，深翻甚至更换表层泥土，加强肥水管理，促进根系生长（张乔松等，2002）。

图 5-8　鹤山市龙口镇古造村古樟树（300 年）

（四）加强肥水管理，保证古树正常生长必需的养分供应

对古树的施肥方法，一般在树冠投影部分开沟，沟内施肥。但施用肥料必须谨慎，尽量少施薄施，多用有机肥，少施化肥。特别是原来树势较弱的古树，如果施肥过量，极可能对古树造成不可逆转的损害。施肥过量，也可导致短时间内生长过盛，反过来会加重根系的负担，树冠、树干及根系的平衡失调，起到适得其反的效果（吴泽明，2003）。对长势特别差的古树，也可采用树干滴注液态肥即打吊针方法对其进行补充施肥。

（五）注意病虫害的防治

古树树势衰弱，抗逆能力较差，容易受到病虫病侵袭，对古树进行定期的检查、观测，了解其生长情况、病虫害危害状况。熟悉掌握区域病虫害发生、发展的规律，做到及时防控。对已受到病虫害危害的古树，首先要查明原因及受害程度，选择合适的农药及处理方法，对症下药，及时及早进行防治（段新霞等，2015）。有研究表明，广州古树上常见的病虫害有 20 多种，其中头号劲敌是家白蚁，该虫繁殖速度快，为害最为严重，其导致树干被蛀空、腐朽，严重的甚至造成全株枯死。据有关调查统计，广州市现存古树中，受到白蚁危害的约占 18%，若不采取有效的措施，将对古树的生长造成严重的影响（张乔松等，2002）。而且白蚁危害隐秘性强，防治也比较困难，要做到及早发现，及时防治。

（六）注意对竞争植物的清除

古树周围不同植物之间争夺光、水、养分以及地上、地下空间，影响古树的生长。由于生存时间长，大部分古树的树干都会出现一些寄生植物，典型的有南方的榕树，种子经鸟类传播，很容易寄生在其他植物上，造成绞杀现象。

大部分地方的古树由于长期缺乏管护，往往杂草丛生，树上也爬满了一些藤本植物，长此下去，将严重影响古树生长。及时清除古树树冠投影下生长的乔、灌木和杂草，保证古树生长所需的空间，同时合理修剪古树的枯死枝、梢等（吴芳芳等，2014），保证古树正常生长。

以上只是针对古树名木日常管护方面主要问题进行了一些概述，但对于树势比较衰弱、损毁严重，而且又具有较大保护价值的古树，我们还需要探讨如何进一步加强培育管理，实施针对古树名木的复壮管理，使其重新焕发活力。

二、古树名木复壮技术

古树名木复壮是运用科学合理的养护管理技术，使衰弱的古树名木重新恢复正常生长、延续其生命的一种综合管理措施和技术方法。我国在对古树复壮方面的研究较早，也处于较高的水平，早在20世纪80～90年代，古都北京和著名的旅游风景区泰山、黄山等地率先开展对古树名木的复壮技术研究与实践，取得很好的效果，抢救和复壮了不少珍贵的古树（吴泽明，2003）。概括起来，对于古树名木复壮措施主要包括地上部分及地下部分管理，其中地上部分管理措施主要以树体管理为主，包括树体修剪、修补、造接、树干损伤处理、树洞填补、叶面施肥及病虫害防治等，与日常管理养护没有多大区别，只是目的性更强一些；而地下部分措施包括对古树生长的立地条件的改善，如深耕、改土、换土，提高透水透气能力，防止积水导致根系腐烂等；其他方法如诱导进行根系活力提升，通过地下系统改造，给地下部分的根系创造适宜的条件，施用适宜的植物生长调节剂，诱导根系生长发育等（熊和平，1999）。我国地域辽阔，不同区域、不同气候带的树木种类不同，对于古树名木管理和复壮技术也有所差异。

据北京市园林科学研究所调查表明，北京市内公园、皇家园林中古松柏、古槐等生长衰弱的主要原因是土壤板结贫瘠、养分供应不良及通气性差、病虫害严重等。针对上述问题，北京市对古树名木采取了以下复壮措施，收到较好效果。如埋条法，在古树根系范围内，填埋适量的树枝、熟土等有机材料，改善土壤的通气性，同时施入粉碎的有机物和肥料等，改善土壤结构和肥力，增加透水透气性；为防止人为践踏，地面铺梯形砖或带孔的石板、地被植物；挖沟施肥增加土壤供肥能力；甚至进行换土处理等（吴泽明，2003）。主要是通过改善古树生存的土壤条件，加强对古树水肥管理，达到古树复壮的目的。同时探索和加强对古树名木病虫害防治工作，为防治古松柏、古槐等病虫害，主要采用了浇灌法、埋施法及打孔注射法，收到了良好效果。①浇灌法：利用内吸剂通过树木根系吸收，经过输导组织将药物送至全树，达到杀虫、杀螨的效果，解决古树名木病虫害防治经常遇到的分布比较分散、树体高大施药难度大、立地条件复杂等造成的喷药难、次数多、杀伤力差以及造成一定的环境污染等问题。②埋施法：利用固体的内吸杀虫、杀螨剂埋施根部的方法，以达到杀虫、杀螨和长时间保持药效的目的。③打孔注射法：对于周围环境复杂、障碍物多，地面完全硬底化，利用其他方法很难施药防治的古树，可通过此法解决。树体内注射内吸杀虫、杀螨药剂，进行病虫害防治（吴泽明，2003）。

我国南方古榕树分布最广，现存数量也最多。如福建的福州，因榕树最多被称为“榕城”，也是福州古城的特征。福建厦门古树调查中榕树占75%以上，本书所记录的鹤山古树中，榕树也占51%左右。其不仅寿命长、树干粗、冠幅大，而且发达的板根和错综复杂的气生根，穿透力强，可以拱破路面、树池和墙体，在城市道路中时有破坏路面，损坏路基现象发生。有研究表明，可利用树带式种植方法对榕树板根生长进行适当引导，可根据板根幅度和预期栽植时间等确定树池规格，如长久栽植的榕树，最小树池细叶榕约2.0 m，黄葛榕约2.6 m，高山榕约1.9 m（崔卓梦，2015），这都可为我们进行古树保护提供借鉴，并结合合理的回缩修剪，减少榕树对城市道路、地面造成的破坏。古榕树长期受到恶劣环境及病虫害危害等影响，根系老化，气生根难于落地形成新的支撑，大部分树干中空、腐烂严重，对古树的生存造成较大影响。其复壮的方法主要是利用其庞大的气生根和较强的萌生能力，如福建漳州，对因风雨等自然灾害倒伏的古榕树进行抢救性移植时，利用埋干促根法进行复壮，将古榕树的树干部分重新埋入土中，促使枝干长出根系，从而延续古树生命。充分利用古榕树自身的气生根和较强的萌发能力，通过药物诱导，使其长出根系，恢复枝干的水分供给，促使长出新芽和枝叶，达到较好的保护和复壮目的。该方法主要针对整株倒伏后的古榕树进行抢救性复壮，包括适当修剪，去除折断的枝条，清除中空腐烂枝干；进行防腐消毒，对修剪伤口涂抹保护剂等；对主干或者气生根砍伤，外涂一些生根粉（林文斌，2013）促进重新生根。广州也是古榕树现存量较多的地区之一，调查表明，有近半古树茎基被水泥覆盖，树体中空严重，由于市政建设大量主根侧根切断，容易倒伏。广州市从1992年开始采用人工把气生根引入土壤，促进气根生长，最终形成柱根或板根，提高榕树对养分的吸收能力和对树冠的支撑作用，促进古树复壮，该方法简单、实用，成本低，可操作性强。首先根据古树生长情况，选择合适的位置（哪里需要支撑，就在哪里进行引导），材料只需一根竹竿，将竹中间掏空，把气生根塞进竹竿内部，加入混有促进生根的吲哚乙酸、萘乙酸的泥土，将竹竿插入土中引导根系进入土壤，分别对细叶榕、高山榕的气生根进行人工引入试验，取得较好的效果（毕耀威等，1999）。对于比较衰弱的古榕树或者生长空间受限，没有气生根落地形成新主干或者短时间内气生根无法入土培育新的气生根的古榕树，也可采用靠接法，类似于嫁接中的靠接，选择几株同品种的榕树，移植在老榕树主枝外侧，等新榕树成活后再与老榕树进行靠接，利用新榕树形成新的支撑，同时为老榕提供及输送水分和养分。其他引导气生根方法如半折枝法，选择长根的侧枝，在近主干处割一刀，深达木质部，用手轻轻折断，再用泥浆堵住伤口。不久断裂处就会长出许多侧根，通过引导侧根向下生长，可造成独木成林的景观。也可根据造型需要，选择要生长气根的树枝，用铁丝缠绕一圈，并用钳子将铁丝扎紧，使树液不能流通，用湿苔藓覆盖伤口，待伤口处长出乳白色的根芽，再引导进入土壤。

虽然我们对不同地域、不同种类的古树复壮技术进行了大量的实践和尝试，有一些成功的实例可供参考，但也必须结合各个地方的实际情况，制定操作性强的管理措施和技术方法。由于我国大部分地区古树资源并不十分丰富，尤其缺乏知名的古树名木，对古树名木的保护和管理也就缺乏积极性和主动性。同时对古树资源的挖掘不够，很多与古树资源相结合的历史文化资源、人文历史资源没有很好的挖掘和加工，也使大部分古树资源处于自生自灭状态。而对古树的管理方面存在管理主体不明确，法律法规的欠缺等诸多方面的问题，所以在本书最后列举一些有关古树名木保护、管理方面的法律、法规和相关规范以供借鉴。

第三节 古树名木管理保护的法律、法规

我国在对古树名木保护和管理方面还没有一部专门的法律法规，虽然国家各级行政主管部门制定了相关的法规和政策，如1992年国务院颁布的《城市绿化条例》、1996年全国绿化委员会印发的《关于加强保护古树名木工作的通知》和《实施方案》等等，对古树名木保护和管理制定了相关条例或者规定，但局限性很大，相关的规定不够全面，职责不明确，处罚不严，不能适应新形势的需要。新修订的《中华人民共和国森林法》和《中华人民共和国环境保护法》虽然也对古树名木保护作了一些规定，但由于不是针对古树名木保护的专业性法律，存在可操作性不强，缺乏细则，实施起来非常困难。正是由于保护古树名木的法律法规不健全，责任主体不明确，导致古树名木破坏的案件时有发生（全国绿化委员会办公室，2005）。大部分地方对于古树名木的保护没有制定相关的实施细则，对于破坏古树名木的处罚执行难的问题比较突出，执行力度不够，难以起到应有的威慑和保护作用。对此我们列举了一些古树名木保护管理中的法律、法规，以供地方各级政府、相关行政管理部门管理和保护古树名木时参考。

一、我国对于古树名木管理和保护方面的法律、法规

（一）《宪法》中关于古树名木保护的法律规定

《中华人民共和国宪法》第九条第二款规定：“国家保障自然资源的合理利用，保护珍贵的动物和植物。禁止任何组织或者个人用任何手段侵占或者破坏自然资源”，该规定对于古树名木保护法律、法规、标准的制定具有一定的指导性、政策性（刘鹏，2011），是制定我国古树名木保护和管理方面的法规、条例的基础。

（二）国家部委关于古树名木保护和管理方面的法律规范

对于古树名木的保护，我国相关的法律、法规主要有：1989年开始实施的《环境保护法》第十七条中规定“古树名木应当采取措施加以保护，严禁破坏”，这是国家首次在法律层面上提出要对古树名木实行保护。首先，新修订并于2015年1月1日实施的《中华人民共和国环境保护法》中的相关规定：“各级人民政府对具有代表性的各种类型的自然生态系统区域，珍稀、濒危的野生动植物自然分布区域，重要的水源涵养区域，具有重大科学文化价值的地质构造、著名溶洞和化石分布区、冰川、火山、温泉等自然遗迹，以及人文遗迹、古树名木，应当采取措施予以保护，严禁破坏”。这是我国以环境保护为目的，对于古树名木进行保护和管理的法律规定。其次，《森林法》《野生植物保护法》等法律中关于古树名木保护的规定都是古树名木保护法律体系中的重要组成部分（刘鹏，2011）。如《森林法》第二十四条规定：“对自然保护区以外的珍贵树木和林区内具有特殊价值的植物资源，应当认真保护；未经省、自治区、直辖市林业主管部门批准，不得采伐和采集”；《野生植物保护法》第二条规定：“条例所保护的野生植物，是指原生地天然生长的珍贵植物和原生地天然生长并具有重要经济、科学研究、文化价值的濒危、稀有植物”，其中古树名木管理应该也属于条例规定的保护范围。

（三）古树名木管理和保护的相关行政法规和部门规章

1982年当时的国家城建总局印发了《关于加强城市和风景名胜区古树名木保护管理的意见》，1992年国务院颁布的《中华人民共和国城市绿化条例》第二十五条也首次对古树名木作出法律上的定义，但该条例只适合于城市规划区、风景名胜区等特定区域内的古树名木（郭宜强，2012），并对其进行规范管理。

对于城市古树的管理《中华人民共和国城市绿化条例》第二十五条提出：“古树名木的含义和范围，百年以上树龄的树木，稀有、珍贵树木，具有历史价值或者重要纪念意义的树木，均属古树名木”，同时规定对城市古树名木实行统一管理，分别养护。城市人民政府城市绿化行政主管部门，应当建立古树名木的档案和标志，划定保护范围，加强养护管理。在单位管界内或者私人庭院内的古树名木，由该单位或者居民负责养护，城市人民政府城市绿化行政主管部门负责监督和技术指导。严禁砍伐或者迁移古树名木。因特殊需要迁移古树名木，必须经城市人民政府城市绿化行政主管部

门审查同意，并报同级或者上级人民政府批准。对砍伐、擅自迁移古树名木或者因养护不善致使古树名木受到损伤或者死亡的；由城市人民政府城市绿化行政主管部门或者其授权的单位责令停止侵害，可以并处罚款；造成损失的，应当负赔偿责任；应当给予治安管理处罚的，依照《中华人民共和国治安管理处罚条例》的有关规定处罚；构成犯罪的，依法追究刑事责任”。该条例对城市古树名木的管理、养护主体进行了明确，细化了管理和保护方面的措施以及违反规定的处罚措施等。

对古树名木进行保护的国家法律法规中，比较明确的是原建设部于2000年颁发《城市古树名木保护管理办法》，是专门针对古树名木保护和管理的部门法规，在古树名木保护和管理法律体系中具有重要地位（刘鹏，2011）。《办法》明确了古树名木保护管理的原则是实行统一管理，分别养护的原则，在管理体制上，实行分级分部门管理的体制，其中，国务院建设行政主管的部门负责全国城市古树名木的保护管理，城市人民政府城市园林绿化行政主管部门负责本行政区域内城市古树名木保护管理工作。具体在保护管理上，实行专业养护，部门管理和单位、个人保护管理相结合的原则。城市人民政府园林绿化行政主管部门应该对城市区域内的古树名木按实际情况分别制订养护、管理方案，落实养护责任单位或责任人，并进行检查指导。养护责任人按照规定进行养护管理并承担养护管理费用，城市园林绿化主管部门适当给予补贴。明确了破坏古树名木所要承担的法律责任，包括砍伐、擅自迁移或养护不善致使古树名木受损或死亡的法律责任。对不按规定管理或者养护管理措施不力，影响古树名木正常生长的，破坏古树名木及其标志与设施的，未经批准擅自买卖、转让古树名木的，损害城市古树名木的，影响古树名木生长和建设工程不办理有关手续等诸多方面都有明确规定和相应处罚办法。

上面就环境保护、城市绿化管理层面上对古树名木实施管理、养护的法律、法规进行一些概述，而作为林业行业主管部门的国家林业局，也先后制定了一系列对古树名木管理的规范性文件，主要有：1996年，全国绿化委员会印发了《关于加强保护古树名木工作的实施方案》（全绿字[1996]10号）。其后的2001～2005年，全国绿化委员会、国家林业局在全国范围内展开了首次大规模的古树名木普查、建档工作，为进一步加强古树名木保护奠定了基础。2003年，国家林业局下发了《关于规范树木采挖管理有关问题的通知》（林资发[2003]41号），提出严禁采挖古树；2009年，全国绿化委员会、国家林业局下发了《关于禁止大树古树移植进城的通知》（全绿字[2009]8号）；2013年，国家林业局又再次下发了《关于切实加强和严格规范树木采挖移植管理的通知》（林资发[2013]186号）。国家林业局一直非常重视古树名木规范管理、保护工作，并且严格规定禁止古树名木采挖、移植。

在进行古树名木调查方面，目前也有两种不同的执行标准。一种是原建设部于2000年颁发的《城市古树名木保护管理办法》规定的标准，大部分城市管理和市政园林管理部门、园林研究单位沿用或者借鉴此标准。《办法》规定将古树名木分为一级和二级：凡树龄在300年以上，或者特别珍贵稀有，具有重要历史价值和纪念意义，重要科研价值的古树名木，为一级古树名木；其余为二级古树名木。另一种是依据2001年全国绿化委员会、国家林业局下发的《全国古树名木普查建档技术规定》，是由我国林业行政主管部门下发的对古树名木进行调查、归档、保护和管理方面的技术规范。该规定明确了古树名本普查建档的目的、古树名木范畴、分级及标准、普查组织领导、建档管理、技术培训、调查程序、每木调查规定等，包括统一编号、树种、位置、树龄、树高、胸围或地围、冠幅、生长势、树木特殊状况描述、立地条件、管护责任单位或个人、传说记载、保护现状及建议等，是林业部门、林业科研机构和林业勘察设计单位等进行古树名木调查的规范性文件。

（四） 古树名木管理和保护的地方性法规和相关实施细则

早在1992年国务院颁布的《中华人民共和国城市绿化条例》中，就针对城市古树名木的保护和管理进行规定，明确其管理的主体是各个地方人民政府城市园林绿化行政主管部门，但由于缺乏可操作性的地方行政法规及相关管理细则，在各个地方实施情况不一。鉴于此，1999年11月27日，广东省九届人大常委会第13次会议通过了《广东省城市绿化条例》，这是具有法律效力的广东省内城市古树名木管理的地方条例，其中规定：严禁砍伐、迁移或买卖古树名木，因公益性市政建设确需迁移古树名木的，由省建设行政主管部门审核，报省人民政府批准。对损害古树名木正常生长的，处以二千元以上一万元以下罚款；擅自迁移、砍伐古树名木，损害古树名木致死的，处以二万元以上十万元以下罚款。这是广东省对古树名木管理和保护的地方条例，为广东省古树名木保护、管理提供法律保护和依据，规定了损坏、迁移和砍伐古树名木行为的一些具体处罚方法。在各市、县的实施细则制定方面，广东省内也只有为数不多的几个地方制定了具体的管理条例。其中广州市最为重视，广州市政府颁布的有关古树名木保护的管理条例主要有：《广州地区古树名木保护条例》（穗府〔1985〕46号），《城市古树名木保护管理办法》（建城〔2000〕192号）。另外，1996年12月公布施行的《广州市城市绿化管理条例》第二十五条有明确对损害、破坏古树名木的行为进行处罚的规定：对擅自修剪古树名木（大树）或损害古树名木（大树）正常生长的，处以2 000元以上10 000元以下罚款；对擅自迁移、砍伐或破坏古树名木（大树）致死，处以20 000元以上100 000元以下罚款。2000年由广州市园林科学研究所组织编制了《城市古树名木保护规划》，2001年和2002年分别完成了《番禺区古树名木保护规划》和《花都区古树名木保护规划》。通过规划全面了解和掌握广州市所辖区域现存古树名木生长状况和生存环境，对广州古树名木实施更有效的保护。其后广东省内相继有佛山市人民政府于2004年8月16日发布了《佛山市古树名木保护管理办法》，东莞市于2012年10月26日发布《东莞市古树名木保护管理办法》（东莞市人民政府令[第127号]）。这些地方性《条例》和《管理办法》的出台，为各个地方古树名木管理和保护工作提供了一定的法律依据。

总的来说，对古树名木的管理和保护，除国家法律规定外，国家林业局、大部分的省、市行政主管部门都相应出台相关管理办法和条例，有效的促进我国地方古树名木的保护。目前，仍然存在管理和保护方面的诸多问题，如法律保护的古树名木对象过窄；只注重城市、自然保护区及风景名胜区古树名木的保护，忽略了对广大乡村古树名木的保护；只注重对现有古树名木的保护，忽视了对后续资源的保护；养护管理义务性的规则多，如《城市古树名木保护管理办法》中规定古树名木的养护管理费用由责任单位或者是责任人承担，城市园林绿化行政主管部门只在抢救、复壮时才给予适当的补贴（刘鹏，2011）。尤其是缺乏有效的管理养护专项资金的保障，给古树名木的调查、管理和保护带来极大的困难，有些地方甚至出现少报甚至不报古树名木的现象，以减少对古树名木管理人员、经费等方面的投入。而且大部分地方对古树名木重视不足，特别是处于乡野偏僻地方的古树资源，由于长期缺乏管理，偷盗、砍伐和损坏古树的现象时有发生，造成大量珍稀的古树流失甚至死亡。

二、地方关于古树名木调查、管理及保护等方面的政策及建议

由于我国很多地方对古树名木保护管理工作并不十分重视，大部分市、县级还没有制定相关的古树名木管理办法或者实施细则，对现有古树名木保护措施不足。有些古树名木，尤其处于乡村、偏远地区的古树名木无任何保护措施，处于自生自灭的状态；城市化建设中道路修建、基础设施建设过程中由于保护意识缺乏，使得古树名木资源破坏严重。甚至有的地方急功近利，大树甚至古树进城现象十分普遍；由于利益驱使，违规乱挖滥移，买卖古树现象也比较普遍，破坏了古树名木原有的生境和综合价值；对古树资源调查、认定、建档、挂牌等基础工作薄弱等。仍然存在对保护古树名木重要性认识不足，科普宣传不到位，相关法律法规不健全，管理体制不顺畅，责任主体不明确，缺乏管理养护的专项经费，科技支撑不足等诸多问题。下面就我国部分城市在古树名木的调查、鉴定、保护、养护、复壮工作中的成果做一个简单概述，虽然部分内容在书中已经提及，但作为本书的结尾，再作一次小结，可以为鹤山市乃至江门地区古树名木管理和保护工作提供参考和借鉴。

（一）广州市在古树名木管理工作中的经验

广州市在古树名木调查、鉴定、复壮保护以及研究等方面起步较早，在对古树名木调查、树龄鉴定、保护复壮、病虫害防治等诸多方面进行系统研究并取得大量实践经验。从1985年开始，先后进行了6批次古树名木调查鉴定工作，对广州市行政管辖范围内古树名木进行系统调查，共调查、鉴定古树名木11 499株，并且每次都以政府公告的形式向社会各界发布该批次古树名木调查鉴定结果，一方面表明了广州市政府对于古树名木保护的重视，另一方面通过政府公告的形式发布，对于破坏古树名木的行为也是一种约束，这样可以促进对古树名木的保护。在对古树名木年龄鉴定方面，广州市园林科学研究所在20世纪80年代中期取得的“树龄鉴定三段计算法”，被广泛应用于广州古树名木调查中，对我国东南地区进行古树年龄鉴定具有一定的指导和借鉴作用。在对广州古树名木保护方面，对古树名木健康评估、树洞修补、养护复壮、白蚁防治等方面也进行了大量研究，取得了大量的研究成果，为广东乃至南方的古树名木调查、保护工作提供引领和借鉴作用（叶广荣，2014）。在对现存量最多的古榕树的管理养护中，采用了一种简单、方便、廉价的引气生根入土的方法，利用毛竹+椰糠，把气生根套入毛竹内，加入椰糠填充插入泥中，将气生根引入土壤，形成新的支撑点。人工引气生根能使古榕树获得新生，在古树养护复壮技术中是一个创举，值得在南方地区推广。在树洞修补方面，采用弹性环氧胶作为修补树洞材料，具有高强度、高黏结力和一定的韧性，能有效阻止雨水和病虫害的侵入，阻止组织继续腐烂，而且可塑性好，与枝干伤口黏合性好，也便于外表修饰，特别适合南方高温多雨的气候条件（莫栋材，1995）。近年来，更是引进“树木根系雷达探测”技术，对古树根系生长状况、根系分布情况、根系健康情况进行综合评估；引进德国PICUS弹性波树木断层画像诊断装置，对树木健康情况进行探测等。

广州市财政也每年安排专项经费用于古树名木保护，初步建立了专业的维护队伍，提供古树名木日常养护技术咨询、树洞修补、健康状况评估、白蚁和病虫害防治、抢救复壮等技术服务。其在古树调查、管理中取得的成功经验和相关技术值得广东各地参考和借鉴。

（二）其他地区古树名木管理工作经验

在古树名木管理、保护方面其他地方的工作也各具特色。如北京从 20 世纪 80 年代以来，共组织进行 3 次古树名木调查，调查古树名木 40 721 株，其中古树 39 408 株，名木 1 313 株。一级古树 6 122 株，占古树总资源的 15.5%，二级古树 33 286 株，占总资源量的 84.5%，是全国古树资源最为丰富、人文历史最为深厚的地区。对古树名木管理方面，1986 年制定了《北京市古树名木保护管理暂行办法》，1998 年北京市人大常委会颁布了《北京市古树名木保护管理条例》，2007 年北京市园林绿化局发布了《北京市古树名木保护管理条例实施办法》，2007 年编制了全国第一部关于古树名木地方标准《古树名木评价标准》， 2009 年制定了北京市《古树名木日常养护标准》，基本形成了古树名木保护管理的法律法规和技术标准体系，实现有法可依，有章可循。2007 年，开展全市城乡结合的古树名木调查，建立基于地理信息系统的北京古树名木管理系统，通过数字化建设，实现在网络平台上对全市古树名木数据进行浏览、查询、统计，为今后对古树名木生长环境、生长状况、保护现状等动态监测和跟踪管理奠定了基础（尹俊杰等，2014）。在管理方面做到有法可依，在数据资源收集及信息化管理方面的经验也是值得借鉴的。

上海市现有古树名木 1 577 株，81 种，后续古树资源 1 028 株，78 种。一直以来，上海绿化管理部门对古树名木的养护和管理十分重视，1983 年，上海市人大通过了《上海市古树名木保护管理规定》，这是我国首次制定古树名木保护的地方法规。1994 年，园林绿化管理部门与保险公司签署古树名木保险协议，当古树名木倒伏时，由保险公司提供一定的抢险费用 ，解决古树名木受损的部分养护费用，是我国首次尝试给古树购买保险的地区。2002 年，上海市人大通过了《上海市古树名木和古树后续资源保护条例》，将 80 年以上的树木列为古树后续资源进行保护。2006 年，组织编制了《上海市古树名木和后续资源养护技术规程》，2011 年由上海市质量技术监督局立项修编为地方标准，开创了我国地方古树名木保护养护技术规范制定的先河。通过多种方式多种途径，解决古树名木管理养护方面的资金缺口，除购买古树保险外，于 2003 年开始尝试进行古树名木冠名权，拍卖古树名木冠名，解决部分管理养护资金不足问题（管群飞，2004；潘建萍，2013）。

（三）对鹤山古树名木管理工作的建议

借鉴各地对古树名木的管理、保护的经验，结合鹤山当地的实际情况，提出古树名木管理和保护的一些意见和建议。

1. 加强政策指引，促进古树名木保护管理规范化

一是尽快制定保护和管理古树名木的规章制度。一方面，应制定和出台地方有关古树名木管理保护方面的具体实施办法和管理细则，对损害古树名木、买卖盗窃古树名木等行为作出明确处罚规定，从源头上制止有意毁坏、滥挖、盗卖、非法移植古树名木的现象发生。另一方面，进一步明确管理主体，古树名木管护主要涉及市政园林和林业局（绿化委员会办公室），对于城市古树名木管理职责应归属市政园林管理部门，农村古树名木由绿化委员会办公室或者林业局负责管理（李爱英等，2004）。但在政府管理层面上其职责并不十分明确，往往造成“三不管”状态。二是制定相关地方技术标准，进一步加强和规范古树名木的管理。

2. 加强资金保障，促进古树名木保护常态化

一是需要各级地方政府加大对古树名木管理专项资金的投入。如将管理保护经费纳入政府财政预算，重点用于对古树名木的抢救、复壮和保护设施的建设维修，并保持延续性和稳定性。二是多方筹集资金。广泛吸纳民间和社会公众资金，用于地方古树名木的保护管理。如设立古树名木保护专项基金，接受国内外的资助、捐赠；建立保护古树名木效益补偿基金制度，在旅游业收入中，可以以税收形式提取一定比例的资金，用于古树名木保护。三是加大补助力度。在建设围栏、扩大绿地、支撑、补洞、白蚁和病虫害防治等方面要给予充足的经费保障。对已建档登记的古树名木中有少数是属于个人的私有财产，应给予一定的补偿或奖励。对古树养护单位或责任人要给予适当补助，特别对护林员的待遇要适当增加，调动其保树护树的积极性。

3. 加强宣传力度，不断提高古树名木保护自觉性

一是开展形式多样的宣传活动，如开展古树名木方面的图片展、摄影展、电视专题片、报刊系列报道等各种形

式的活动，系统宣传有关古树名木保护的内容，让公众熟悉、了解古树名木的丰富内涵。二是深层次的挖掘古树背后的动人故事，与相关历史文化相结合，通过文化、纪念及其他传统意义的结合，提高公众和社会对古树名木的认知程度。如国家林业局与中央电视台联合拍摄的《中国古树》就是一部非常生动的教育题材片，很多地方已经出版了有关古树的专著、图集，对增强古树名木的保护起到积极作用。有些地方通过电视、互联网等媒体资源，拍摄了专题宣传片或是访谈类节目，加强对古树的宣传等。本书提到过鹤山电视台有一位资深记者，针对鹤山古树、珍稀花草树木等制作了大量的视频作品——讲树讲物之……其中有不少鹤山古树的视频采访，上传到网络，对鹤山古树名木宣传保护起到一定的推动作用。

4. 落实管护职责，提高古树名木保护的针对性

一是进行属地管理，落实管理主体和管理责任，日常管护应由古树所在的村民委员会负责，责任到人。因自然灾害等原因造成毁坏的，尽力救护和复壮。同时，要发挥乡镇、村委会干部熟悉乡情、村情的优势，积极上报遗落在乡间田野的“古树名木”。二是要强化责任追究制度，凡发现破坏古树名木的事件，要追究相关人员的责任。三是积极开展古树名木的复壮保护，对重要古树周围设置保护性栅栏；对树身倾斜、枝条下垂的古树进行支撑保护；对主干已腐朽蛀空的古树，需要填堵树洞，以防蔓延扩大；对 30 m 以上的高大古树，设置避雷针，免遭雷击。此外，对在古树下搭建建筑物、堆放杂物、捆绑树干等现象，要定期或不定期组织检查清理。对现存较多、生长状况较差的榕树，加强修剪复壮和病虫害综合防治。榕树在鹤山古树中所占比例大，在城乡结合部，由于生长空间受限，长期缺乏管理等，结合调查情况，对长势较差的部分古树加强回缩修剪及进行复壮，保证古树生长。加强巡查并进行定期检查，对树势较弱已经出现中空的古树，应重点加强白蚁的防治等。

5. 进一步摸清家底，完善档案及信息系统建设

鹤山市 2004 年对境内 53 株古树进行了统一登记挂牌，2013 年又由鹤山市林业局组织进行全市古树名木的摸底统计，2014 年委托华南植物园对此次摸底结果进行全面调查，完善了鹤山古树名木基础信息资料，并进行了分类汇总。同时编写《鹤山古树名木》一书，通过此类资源汇集和进一步的宣传，增强人们对于古树名木的保护意识，减少破坏古树行为。

6. 培育后续资源

有的古树虽然不符合国家制定的古树名木标准，但它对于所在地区的生态价值、人文价值等仍具有特殊的意义，根据本地古树名木现状及保护的需要，制定适合于本区域的地方分级标准，以便今后培育古树资源。

附图 1　鹤山市古树名木地理分布图

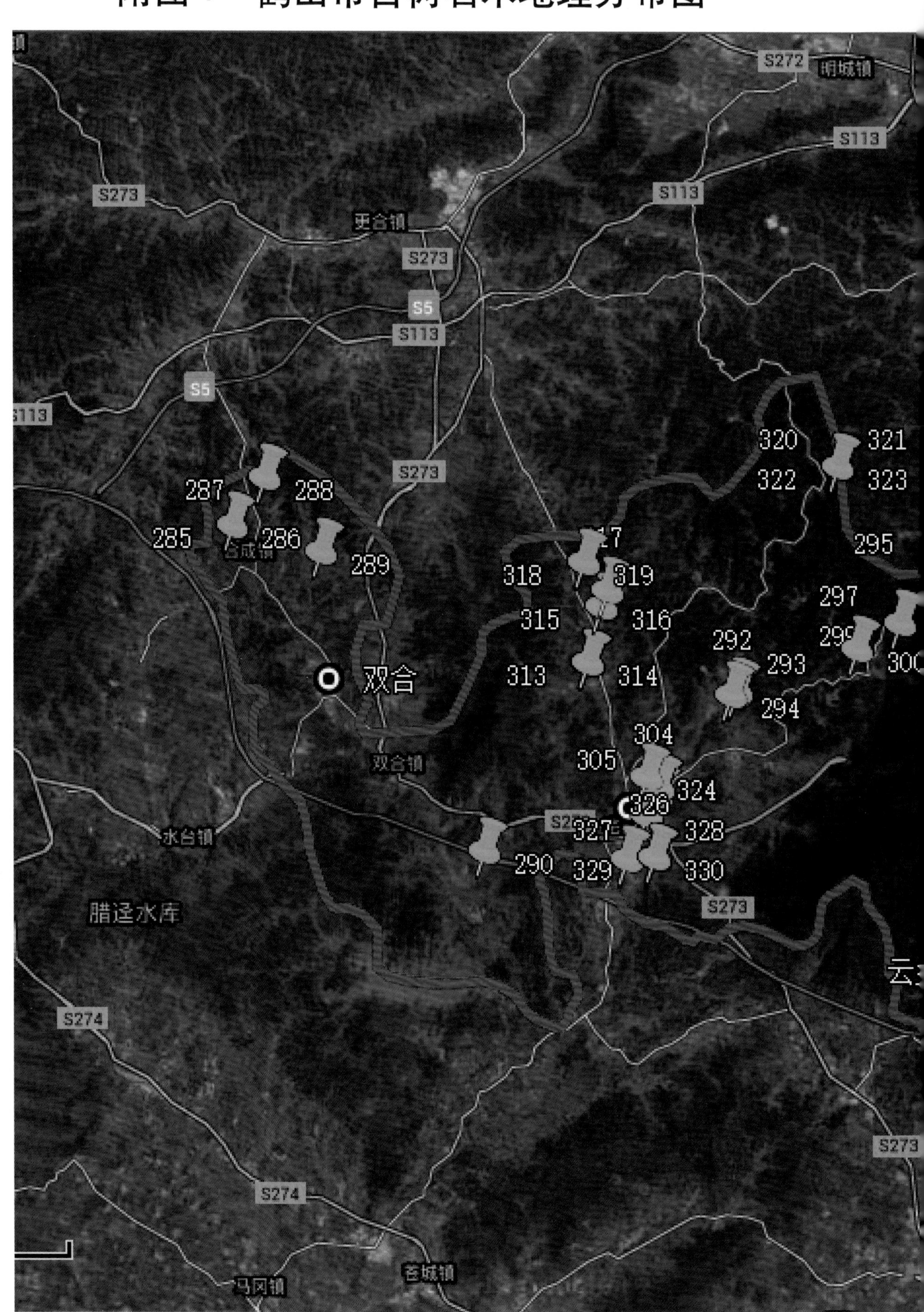

古劳
九江镇
雅瑶
鹤城
址山
那咀水库
三级水库
大泽镇
七堡海
南坦海
七堡镇
共和镇
杜阮镇
蓬江区
江门市
会城
司前镇
小冈镇
东边
址山镇
G325
G1501
G94
G15
S272
S270
S304
S26
S49

附图 2 鹤山市古树名木种类分布图

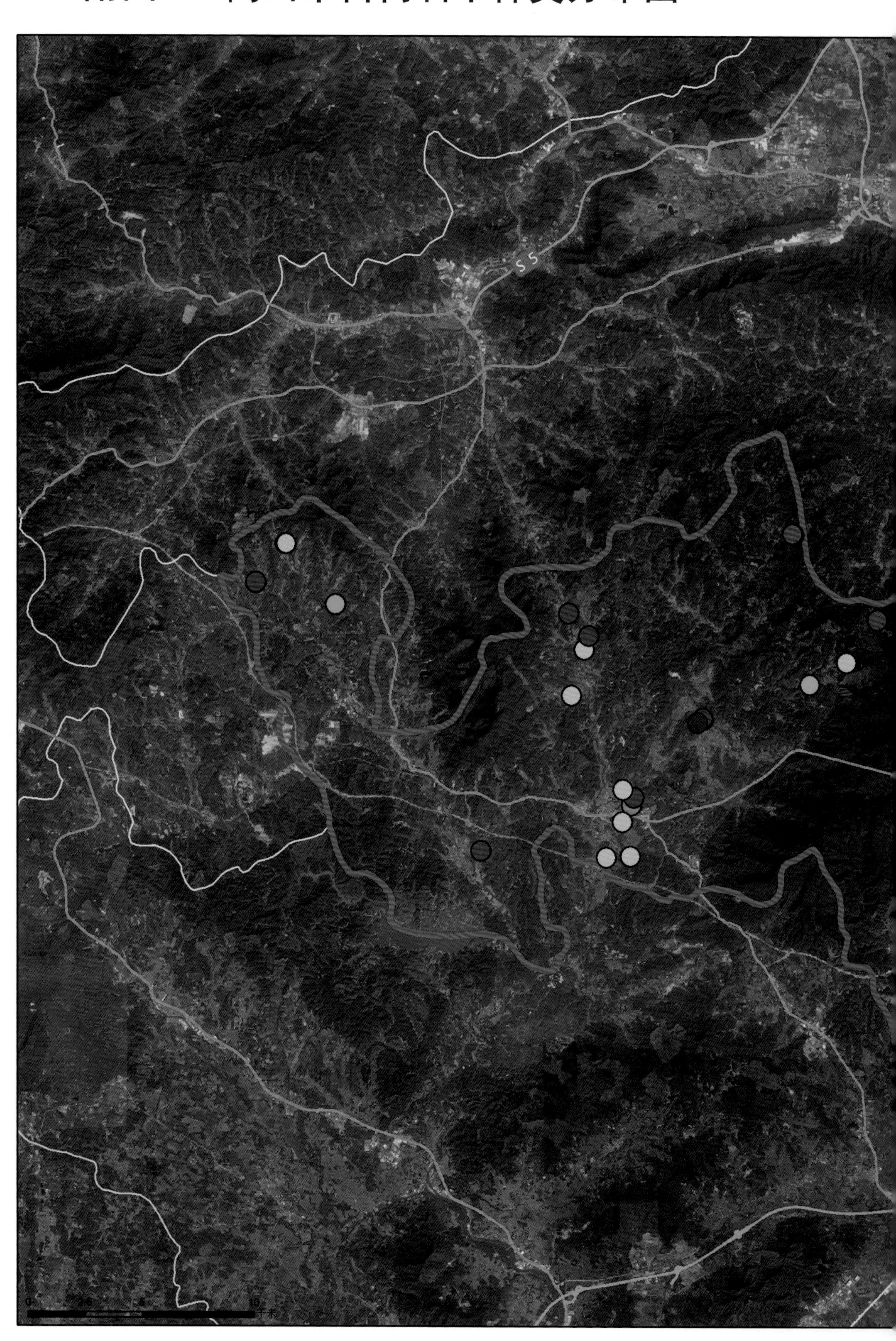

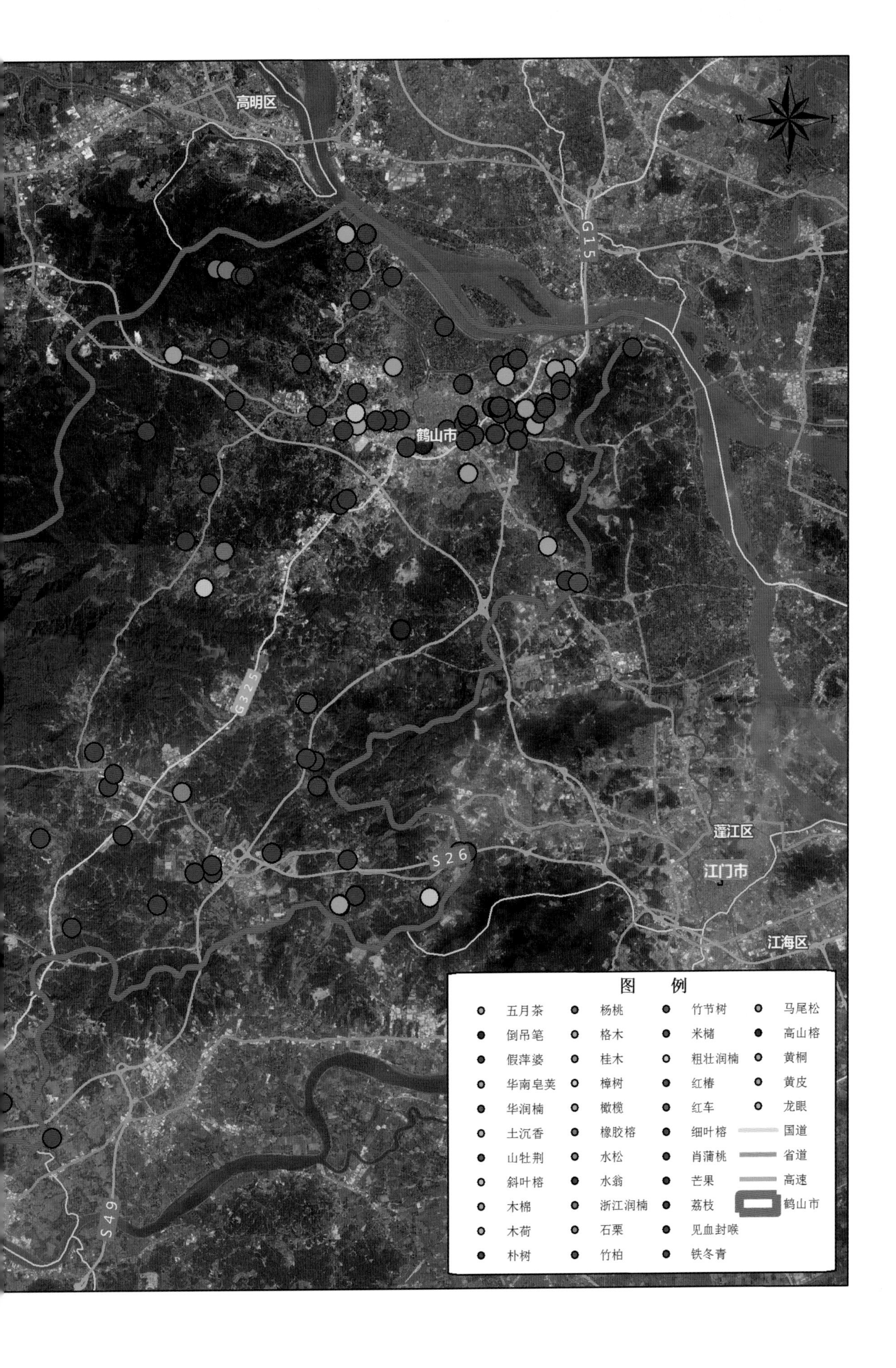
高明区
鹤山市
G15
G325
S26
S49
蓬江区
江门市
江海区
N
S
W
E
图　例
五月茶
倒吊笔
假苹婆
华南皂荚
华润楠
土沉香
山牡荆
斜叶榕
木棉
木荷
朴树
杨桃
格木
桂木
樟树
橄榄
橡胶榕
水松
水翁
浙江润楠
石栗
竹柏
竹节树
米槠
粗壮润楠
红椿
红车
细叶榕
肖蒲桃
芒果
荔枝
见血封喉
铁冬青
马尾松
高山榕
黄桐
黄皮
龙眼
国道
省道
高速
鹤山市

附录一　鹤山市古树名木调查统计表

序号	树种	树高（m）	胸径（m）	冠幅（m）	树龄（年）	经度	纬度	所在地	长势	管理状况
1	细叶榕	13.6	1.5	28×28	110	E22°47.403′	N112°59.102′	沙坪镇坡山方屋村	较好	一般
2	细叶榕	11.5	1.72	15×15	110	E22°47.412′	N112°59.092′	沙坪镇坡山方屋村	较好	较好
3	细叶榕	10.5	1.65	21×21	150	E22°47.503′	N112°59.402′	沙坪镇坡山南门村	较好	较好
4	细叶榕	10.5	1.65	21×21	150	E22°47.505′	N112°59.401′	沙坪镇坡山南门村	较好	较好
5	细叶榕	14.1	2.07	18×18	220	E22°47.575′	N112°59.524′	沙坪镇坡山邓边村	较好	一般
6	细叶榕	14.2	1.75	25×25	130	E22°47.820	N113°02.357′	沙坪镇杰洲村文化室边	一般	一般
7	细叶榕	11	1.46	23×23	120	E22°47.820	N113°02.357′	沙坪镇杰洲村文化室边	一般	一般
8	细叶榕	13	1.24	18×18	100	E22°47.820′	N113°02.357′	沙坪镇杰洲村文化室边	一般	一般
9	细叶榕	11.7	1.35	6×6	120	E22°47.820′	N113°02.357′	沙坪镇杰洲村文化室边	一般	一般
10	细叶榕	11.5	1.68	16×16	120	E22°47.327′	N113°00.758′	沙坪镇汇源石溪村	一般	一般
11	细叶榕	13	1.4	14×14	120	E22°47.327′	N113°00.758′	沙坪镇汇源石溪村	一般	一般
12	桂木	7.4	0.73	7×7	150	E22°47.327′	N113°00.758′	沙坪镇汇源石溪村	较好	较好
13	桂木	7	0.55	6×6	150	E22°47.327′	N113°00.758′	沙坪镇汇源石溪村	较好	较好
14	细叶榕	14.1	1.56	27×27	100	E22°47.303′	N113°00.461′	沙坪镇汇源云溪村	一般	一般
15	木棉	18.6	0.85	7×7	100	E22°47.303′	N113°00.461′	沙坪镇汇源云溪村	一般	一般
16	细叶榕	11.5	1.51	25×25	130	E22°47.005′	N113°00.594′	沙坪镇汇源水口村	一般	一般
17	假苹婆	11.3	0.62	6×6	100	E22°46.822′	N113°00.594′	沙坪镇汇源元溪村	一般	一般
18	细叶榕	10.1	1.3	8×8	100	E22°46.822′	N113°00.594′	沙坪镇汇源元溪村	较差	较差
19	荔枝	10	0.72	10×10	100	E22°46.822′	N113°00.594′	沙坪镇汇源元溪村	较好	较好
20	细叶榕	11.3	1.59	28×28	110	E22°45.760′	N112°58.980′	沙坪镇楼冲元岗新村	较好	较好
21	白车	9.5	0.54	5×5	110	E22°45.760′	N112°58.980′	沙坪镇楼冲元岗新村	一般	一般
22	白车	11.7	0.89	7×7	110	E22°45.760′	N112°58.980′	沙坪镇楼冲元岗新村	一般	一般
23	水翁	15	0.65	12×12	100	E22°45.760′	N112°58.980′	沙坪镇楼冲元岗新村	一般	一般
24	白车	14.8	0.75	8×8	110	E22°45.760′	N112°58.980′	沙坪镇楼冲元岗新村	一般	一般
25	白红车	12.3	0.62	7×7	110	E22°45.760′	N112°58.980′	沙坪镇楼冲元岗新村	一般	一般
26	细叶榕	11.2	1.49	29×29	110	E22°45.760′	N112°58.980′	沙坪镇楼冲元岗新村	一般	一般
27	水翁	10	0.63	14×14	100	E22°45.760′	N112°58.980′	沙坪镇楼冲元岗新村	一般	一般
28	细叶榕	12.9	1.26	32×32	130	E22°45.800′	N112°59.554′	沙坪镇楼冲中社村	较好	较好

（续表）

序号	树种	树高（m）	胸径（m）	冠幅（m）	树龄（年）	经度	纬度	所在地	长势	管理状况
29	水翁	14.6	0.7	12×12	100	E22°45.999′	N112°59.457′	沙坪镇楼冲下社村	一般	一般
30	铁冬青	8.8	0.7	5×5	100	E22°45.999′	N112°59.457′	沙坪镇楼冲下社村	一般	一般
31	桂木	8.2	0.55	8×8	100	E22°45.999′	N112°59.457′	沙坪镇楼冲下社村	一般	一般
32	水翁	7.3	0.8	7×7	100	E22°45.999′	N112°59.457′	沙坪镇楼冲下社村	一般	一般
33	细叶榕	8.9	1.05	15×15	100	E22°45.999′	N112°59.457′	沙坪镇楼冲下社村	较差	较差
34	高山榕	19	1.65	21×21	150	E22°45.965′	N112°22.945′	沙坪镇楼冲上社村	较好	较好
35	橄榄	12	0.65	6×6	100	E22°45.965′	N112°22.945′	沙坪镇楼冲上社村	较好	较好
36	细叶榕	11.8	1.01	18×18	100	E22°46.328′	N112°59.630′	沙坪镇楼冲聚龙村	一般	一般
37	细叶榕	11.5	0.45	14×14	100	E22°46.328′	N112°59.630′	沙坪镇楼冲聚龙村	倒伏	较差
38	细叶榕	12.7	1.4	23×23	140	E22°46.249′	N112°00.079′	沙坪镇楼冲上秦村	很好	很好
39	龙眼	9	0.55	7×7	200	E22°46.249′	N112°00.079′	沙坪镇楼冲上秦村	较好	较好
40	细叶榕	12.2	1.12	14×14	100	E22°46.249′	N112°00.079′	沙坪镇楼冲上秦村	一般	一般
41	细叶榕	11	1.25	26×26	120	E22°46.249′	N112°00.079′	沙坪镇楼冲下秦村	较差	较差
42	细叶榕	13.1	2.25	14×14	120	E22°46.249′	N112°00.079′	沙坪镇楼冲下秦村	一般	一般
43	细叶榕	10.2	1.05	16×16	120	E22°46.249′	N112°00.079′	沙坪镇楼冲下秦村	较好	较好
44	细叶榕	13.5	1.03	13×13	100	E22°46.249′	N112°00.079′	沙坪镇楼冲下秦村	一般	一般
45	细叶榕	15	2.6	21×21	180	E22°46.249′	N112°00.079′	沙坪镇楼冲雁池村	较好	一般
46	樟树	13	1.03	26×26	200	E22°46.249′	N112°00.079′	沙坪镇楼冲雁池村	较好	较好
47	细叶榕	14	1.2	24×24	110	E22°46.249′	N112°00.079′	沙坪镇楼冲雁池村	一般	一般
48	龙眼	10	0.38	12×12	100	E22°47.159′	N112°59.220′	沙坪镇楼冲竹树坡村	一般	一般
49	龙眼	10	0.42	11×11	100	E22°47.159′	N112°59.220′	沙坪镇楼冲竹树坡村	一般	一般
50	龙眼	10	0.52	10×10	100	E22°47.159′	N112°59.220	沙坪镇楼冲竹树坡村	一般	一般
51	细叶榕	6	1.8	3×3	130	E22°46.399′	N112°58.891′	沙坪镇楼冲何姓二村	较差	一般
52	细叶榕	13	1.49	2×2	120	E22°46.399′	N112°58.891′	沙坪镇楼冲何姓二村	一般	一般
53	细叶榕	6	1.25	2×2	120	E22°46.399′	N112°58.891′	沙坪镇楼冲何姓二村	一般	一般
54	细叶榕	12	1.45	18×18	120	E22°46.318′	N112°59.057′	沙坪镇楼冲向前村	较好	一般
55	阳桃	5	0.65	4×4	100	E22°46.318′	N112°59.057′	沙坪镇楼冲向前村	一般	一般
56	细叶榕	12.5	1.28	28×28	120	E22°46.318′	N112°59.057′	沙坪镇楼冲向前村	较差	较差

（续表）

序号	树种	树高（m）	胸径（m）	冠幅（m）	树龄（年）	经度	纬度	所在地	长势	管理状况
57	细叶榕	14	1.95	25×25	150	E22°46.318′	N112°59.057′	沙坪镇楼冲向前村	较好	较好
58	细叶榕	17	1.75	13×13.	100	E22°46.318′	N112°59.057′	沙坪镇楼冲向前村	一般	一般
59	细叶榕	22.5	3.2	18×18	160	E22°46.354′	N112°59.27′	沙坪镇楼冲大兴村	一般	一般
60	细叶榕	15	2.25	19×19.	160	E22°46.354′	N112°59.27′	沙坪镇楼冲大兴村	一般	一般
61	龙眼	12	0.54	8×8	100	E22°46.354′	N112°59.27′	沙坪镇楼冲大兴村	一般	一般
62	细叶榕	16	1.1	22×22	100	E22°46.354′	N112°59.27′	沙坪镇楼冲大兴村	一般	一般
63	细叶榕	12	1.98	22×22.	120	E22°45.608′	N112°59.527′	沙坪镇楼冲上社村	一般	一般
64	细叶榕	12	1.24	16×16	120	E22°45.608′	N112°59.527′	沙坪镇楼冲上社村	一般	一般
65	细叶榕	15..5	1.4	23×23	120	E22°45.608′	N112°59.527′	沙坪镇楼冲上社村	一般	一般
66	细叶榕	15	1.7	21×21	120	E22°45.608′	N112°59.527′	沙坪镇楼冲上社村	较好	较好
67	细叶榕	18.5	1.1	14×14	120	E22°45.608′	N112°59.527′	沙坪镇楼冲上社村	一般	一般
68	细叶榕	17.3	2.9	16×16	200	E22°45.608′	N112°59.527′	沙坪镇楼冲上社村	较好	较好
69	细叶榕	14.2	1.45	13×13	200	E22°45.608′	N112°59.527′	沙坪镇楼冲上社村	较好	较好
70	细叶榕	19.8	2.5	32×32	100	E22°45.608′	N112°59.527′	沙坪镇楼冲上社村	一般	一般
71	细叶榕	16	0.82	16×16	120	E22°45.608′	N112°59.527′	沙坪镇楼冲上社村	一般	一般
72	细叶榕	18	1.25	21×21	100	E22°45.608′	N112°59.527′	沙坪镇楼冲上社村	一般	一般
73	水翁	11.5	0.78	12×12	100	E22°45.608′	N112°59.527′	沙坪镇楼冲上社村	一般	一般
74	朴树	13.6	0.93	8×8	120	E22°46.257′	N112°59.112′	沙坪镇楼冲向前村	一般	一般
75	细叶榕	25	2.5	24×24	180	E22°46.408′	N112°59.032′	沙坪镇楼冲何姓三村	一般	一般
76	细叶榕	14.2	1.2	13×13	100	E22°46.415′	N112°46.072′	沙坪镇赤坎村	一般	一般
77	细叶榕	12	1.35	14×14	100	E22°46.504′	N112°00.207′	沙坪镇赤坎大社村	一般	一般
78	龙眼	9	0.72	8×8	100	E22°46.504′	N112°00.207′	沙坪镇赤坎大社村	一般	一般
79	龙眼	6	0.7	5×5	120	E22°46.504′	N112°00.207′	沙坪镇赤坎双和村	一般	一般
80	细叶榕	12.2	1.85	8×8	120	E22°46.504′	N112°00.207′	沙坪镇赤坎双和村	一般	一般
81	朴树	15.8	0.85	15×15	120	E22°46.504′	N112°00.207′	沙坪镇赤坎双和村	一般	一般
82	细叶榕	14.5	1.6	12×12	150	E22°46.504′	N112°00.207′	沙坪镇赤坎双和村	较差	较差
83	山牡荆	12	1.2	5×5	200	E22°46.385′	N113°00.222′	沙坪镇赤坎和龙村	一般	一般
84	山牡荆	12	0.61	8×8	100	E22°46.385′	N113°00.222′	沙坪镇赤坎和龙村	一般	一般

（续表）

序号	树种	树高（m）	胸径（m）	冠幅（m）	树龄（年）	经度	纬度	所在地	长势	管理状况
85	朴树	13.5	1.1	15×15	100	E22°46.385′	N113°00.222′	沙坪镇赤坎和龙村	一般	一般
86	荔枝	11	0.38	6×6	100	E22°46.359′	2N112°59.734′	沙坪镇赤坎坎头村	一般	一般
87	阳桃	11.5	0.46	8×8	100	E22°46.359′	N112°59.734′	沙坪镇赤坎坎头村	一般	一般
88	黄皮	7.5	0.31	6×6	110	E22°46.359′	N112°59.734′	沙坪镇赤坎双和村	较好	较好
89	细叶榕	26.5	2.98	32×32	115	E22°45.865′	N112°57.788′	沙坪镇中山路原榕园酒店	较好	一般
90	细叶榕	13.3	1.78	25×25	100	E22°46.012′	N112°58.189′	沙坪镇越塘村委	一般	一般
91	细叶榕	22.5	2.1	28×28	100	E22°46.012′	N112°58.189′	沙坪镇越塘村委	一般	一般
92	细叶榕	12	1.1	12×12	105	E22°46.103′	N112°58.300′	沙坪镇越塘村委	一般	一般
93	细叶榕	16	1.2	13×13	105	E22°46.103′	N112°58.300′	沙坪镇越塘村委	一般	一般
94	木棉	25.3	0.83	18×18	100	E22°46.103′	N112°58.300′	沙坪镇越塘村委	一般	一般
95	细叶榕	18.5	1.85	32×32	100	E22°46.103′	N112°58.300′	沙坪镇越塘村委	一般	一般
96	细叶榕	17.5	1.18	2×2	100	E22°46.103′	N112°58.300′	沙坪镇越塘村委	一般	一般
97	细叶榕	6.5	1.16	2×2	100	E22°46.103′	N112°58.300′	沙坪镇越塘村委	较差	一般
98	细叶榕	18.6	1.22	3×3	100	E22°46.103′	N112°58.300′	沙坪镇越塘村委	较差	一般
99	肖蒲桃	6	0.65	4×4	100	E22°46.103′	N112°58.300′	沙坪镇越塘村委	一般	一般
100	细叶榕	18.3	1.25	23×23	100	E22°46.103′	N112°58.300′	沙坪镇越塘村委	一般	一般
101	朴树	12	0.75	5×5	100	E22°46.207′	N112°58.281′	沙坪镇越塘山顶	较好	较好
102	朴树	13.5	0.85	8×8	100	E22°46.207′	N112°58.281′	沙坪镇越塘山顶	较好	较好
103	细叶榕	18.5	1.3	24×24	100	E22°46.207′	N112°58.281′	沙坪镇越塘山顶	一般	一般
104	细叶榕	19.6	1.2	23×23	110	E22°46.207′	N112°58.281′	沙坪镇越塘长中	一般	一般
105	细叶榕	23.5	1.3	21×21	110	E22°46.207′	N112°58.281′	沙坪镇越塘长中	一般	一般
106	细叶榕	13.8.	1.78	20×20	100	E22°46.207′	N112°58.281′	沙坪镇越塘村委会长中	一般	一般
107	细叶榕	12.6	1.65	14×14	100	E22°46.207′	N112°58.281′	沙坪镇越塘长中	一般	一般
108	细叶榕	12.2	1.3	11×11	110	E22°45.729′	N112°58.453′	沙坪镇越塘大朗村	一般	一般
109	细叶榕	21.5	1.26	14×14	110	E22°45.607′	N112°58.235′	沙坪镇越塘松元村	一般	一般
110	细叶榕	31.4	1.8	26×26	110	E22°45.607′	N112°58.235′	沙坪镇越塘松元村	一般	一般
111	细叶榕	16.8	1.68	27×27	110	E22°46.964′	N112°58.176′	沙坪镇中东西村委	较好	较好
112	细叶榕	16.3	1.15	26×26	110	E22°46.964′	N112°58.176′	沙坪镇中东西村委	较好	一般

（续表）

序号	树种	树高（m）	胸径（m）	冠幅（m）	树龄（年）	经度	纬度	所在地	长势	管理状况
113	水翁	5	1	12×12	110	E22°46.964′	N112°58.176′	沙坪镇中东西村委	倒伏	一般
114	细叶榕	15.3	1.92	39×39	100	E22°46.964′	N112°58.176′	沙坪镇中东西村委	一般	一般
115	细叶榕	26.3	2.3	26×26	110	E22°46.964′	N112°58.176′	沙坪镇中东西村委	一般	一般
116	细叶榕	16.5	1.6	24×24	110	E22°46.964′	N112°58.176′	沙坪镇中东西村委	一般	一般
117	朴树	12.2	1.05	8×8	100	E22°46.964′	N112°58.176′	沙坪镇中东西村委	一般	一般
118	朴树	15	1.15	13×23	105	E22°45.522′	N112°57.183′	沙坪镇南石领村	一般	一般
119	高山榕	18.3	2.3	16×16	120	E22°45.522′	N112°57.183′	沙坪镇南石领村	较好	一般
120	细叶榕	15	1.15	16×16	120	E22°45.462′	N112°56.770′	沙坪镇南荀山村	一般	一般
121	细叶榕	18.3	2.3	24×24	120	E22°45.462′	N112°56.770′	沙坪镇南荀山村	较好	一般
122	水翁	5	0.72	8×8	100	E22°46.079′	N112°56.361′	沙坪镇玉桥村委	一般	一般
123	水翁	6	0.73	9×9	100	E22°46.079′	N112°56.361′	沙坪镇玉桥村委	一般	一般
124	细叶榕	14.6	1.2	18×18	100	E22°46.079′	N112°56.361′	沙坪镇玉桥村委	较好	较好
125	细叶榕	26.5	2.76	25×25	170	E22°46.079′	N112°56.361′	沙坪镇玉桥村委	一般	一般
126	木棉	25	1.15	6×6	100	E22°46.079′	N112°56.361′	沙坪镇玉桥村委	较好	一般
127	细叶榕	15	1.52	16×16	110	E22°46.123′	N112°56.604′	沙坪镇玉桥荀洞村	一般	一般
128	龙眼	6.3	0.75	7×7	120	E22°46.123′	112°56.604′	沙坪镇玉桥荀洞村	一般	一般
129	龙眼	3.5	0.62	3×3	120	E22°46.123′	N112°56.604′	沙坪镇玉桥荀洞村	较差	一般
130	细叶榕	18.5	1.46	18×18	120	E22°46.123′	N112°56.604′	沙坪镇玉桥荀洞村	一般	一般
131	细叶榕	12	1.01	13×13	120	E22°46.123′	N112°56.293′	沙坪镇玉桥龙潭里	一般	较好
132	细叶榕	10.5	0.9	8×8	120	E22°46.123′	N112°56.293′	沙坪镇玉桥龙潭里	一般	较好
133	朴树	15	0.86	14×14	110	E22°46.105′	N112°56.016′	沙坪镇玉桥桥氹村	一般	一般
134	细叶榕	16.8	1.25	16×16	100	E22°46.105′	N112°56.016′	沙坪镇玉桥桥氹村	较好	一般
135	木棉	18.4	0.82	7×7	100	E22°45.998′	N112°55.547′	沙坪镇玉桥木棉岗	较好	较好
136	细叶榕	23.8	1.6	26×26	140	E22°37.164′	N112°51.211′	鹤城镇东坑吉园村	较好	较好
137	石栗	15	0.92	12×12	100	E22°37.164′	N112°51.211′	鹤城镇东坑吉园村	一般	一般
138	细叶榕	15	1.21	24×24	130	E22°36.136′	N112°49.739′	鹤城镇东坑	一般	一般
139	细叶榕	18	1.21	24×24	130	E22°36.136′	N112°49.739′	鹤城镇东坑	较好	较好
140	细叶榕	15.5	1.05	23×23	100	E22°36.136′	N112°49.739′	鹤城镇东坑	一般	一般

（续表）

序号	树种	树高（m）	胸径（m）	冠幅（m）	树龄（年）	经度	纬度	所在地	长势	管理状况
141	细叶榕	16.8	1.43	24×24	100	E22°36.079′	N112°47.676′	鹤城镇禾谷南塘	一般	一般
142	细叶榕	18.5	1.68	23×23	130	E22°37.317′	N112°49.380′	鹤城镇麦屋村	较好	较好
143	水翁	13.6	0.9	12×12	100	E22°37.317′	N112°49.380′	鹤城镇麦屋村	一般	一般
144	细叶榕	22.5	1.68	22×22	130	E22°37.317′	N112°49.380′	鹤城镇麦屋村	一般	一般
145	细叶榕	18	1.65	18×18	130	E22°37.317′	N112°49.380′	鹤城镇麦屋村	一般	一般
146	细叶榕	12.5	1.55	16×16	100	E22°37.623′	N112°49.517′	鹤城镇东南田洞村	一般	一般
147	细叶榕	21.3	1.75	18×18	150	E22°38.148′	N112°49.027′	鹤城镇鹤城村上水浪	一般	一般
148	樟树	18	0.7	20×20	100	E22°39.323′	N112°54.280′	鹤城镇五星大坪村	一般	一般
149	米槠	16	0.55	30×20	100	E22°39.296′	N112°54.329′	鹤城镇五星大坪村	一般	一般
150	朴树	18.5	0.85	12×12	100	E22°37.623′	N112°49.517′	鹤城镇城西	一般	一般
151	樟树	14.6	1.12	16×16	120	E22°44.092′	N112°55.119′	桃源镇仁和村	一般	一般
152	樟树	16	1.1	15×15	120	E22°44.092′	N112°55.119′	桃源镇仁和村	一般	一般
153	樟树	13.5	1.06	8×8	120	E22°44.092′	N112°55.119′	桃源镇仁和村	一般	一般
154	细叶榕	18.6	1.3	21×21	110	E22°44.092′	N112°55.119′	桃源镇仁和村	一般	一般
155	细叶榕	16.5	1.66	15×15	110	E22°44.092′	N112°55.119′	桃源镇仁和村	一般	一般
156	木棉	18.6	1.02	7×7	120	E22°44.218′	N112°55.287′	桃源镇三富	较好	较好
157	木棉	17.5	0.73	6×6	120	E22°44.218′	N112°55.287′	桃源镇三富	较好	较好
158	细叶榕	18.5	1.6	16×16	110	E22°44.218′	N112°55.287′	桃源镇三富	一般	一般
159	细叶榕	22.5	1.59	15×15	110	E22°44.218′	N112°55.287′	桃源镇三富	一般	一般
160	细叶榕	13.5	1.55	14×14	110	E22°44.218′	N112°55.287′	桃源镇三富	一般	一般
161	细叶榕	18	1.89	18×18	120	E22°44.218′	N112°55.287′	桃源镇三富	一般	一般
162	细叶榕	16	1.22	22×22	100	E22°44.218′	N112°55.287′	桃源镇三富	一般	一般
163	土沉香	13	0.61	4×5	120	E22°41.048′	N112°06.618′	桃源镇甘棠上涎坑	一般	较差
164	土沉香	12	0.5	1.5×2	100	E22°41.049′	N112°56.612′	桃源镇甘棠上涎坑	一般	较差
165	木荷	23	0.7	20×20	120	E22°41.057′	N112°56.623′	桃源镇甘棠上涎坑	较好	较好
166	木荷	22	0.55	10×10	100	E22°41.049′	N112°56.612′	桃源镇甘棠上涎坑	一般	一般
167	五月茶	15	0.6	12×13	120	E22°41.055′	N112°56.624′	桃源镇甘棠上涎坑	一般	较好

（续表）

序号	树种	树高（m）	胸径（m）	冠幅（m）	树龄（年）	经度	纬度	所在地	长势	管理状况
168	倒吊笔	18	0.46	10×8	100	E22°41.061′	N112°56.626′	桃源镇甘棠上湴坑	一般	一般
169	细叶榕	16.5	1.6	28×28	110	E22°48.362′	N112°57.720′	古劳镇上升	较好	较好
170	细叶榕	18.5	2.32	32×32	150	E22°48.362′	N112°57.720′	古劳镇上升	较好	较好
171	杧果	13	0.73	12×12	100	E22°48.362′	N112°57.720′	古劳镇上升	一般	一般
172	细叶榕	20.3	1.4	23×23	150	E22°48.362′	N112°57.720′	古劳镇上升	一般	一般
173	细叶榕	19.6	1.1	24×24	150	E22°48.362′	N112°57.720′	古劳镇上升	一般	一般
174	木棉	19.5	1.05	12×12	110	E22°48.362′	N112°57.720′	古劳镇上升	较好	一般
175	细叶榕	18.6	2.3	16×16	100	E22°48.362′	N112°57.720′	古劳镇上升	一般	一般
176	细叶榕	21.3	1.15	20×20	100	E22°48.362′	N112°57.720′	古劳镇上升	一般	一般
177	樟树	17.5	0.85	25×25	100	E22°47.409′	N112°56.440′	古劳镇新岗	较好	较好
178	樟树	18.5	0.78	20×20	100	E22°47.409′	N112°56.440′	古劳镇新岗	较好	较好
179	木棉	19.4	0.76	12×12	100	E22°47.409′	N112°56.440′	古劳镇上新	较好	较好
180	细叶榕	14.5	1.34	22×22	100	E22°46.771′	N112°55.546′	古劳镇大岗	较好	一般
181	细叶榕	16.5	1.66	23×23	110	E22°47.731′	N112°55.021′	古劳镇旺村	较好	一般
182	细叶榕	14	1.55	12×12	130	E22°49.021′	N112°55.636′	古劳镇麦水	较差	较差
183	细叶榕	21.5	1.28	18×18	160	E22°49.578′	N112°56.412′	古劳镇古劳村西便村	一般	一般
184	细叶榕	20	85	16×16	150	E22°49.952′	N112°55.494′	古劳镇古劳村树下行人	一般	一般
185	细叶榕	16.4	1.25	23×23	120	E22°50.618′	N112°55.780′	古劳镇丽水村心村	一般	一般
186	华南皂荚	6.8	0.43	7×7	100	E22°50.618′	N112°55.780′	古劳镇丽水村心村	一般	一般
187	细叶榕	18.5	1.7	16×16	160	E22°50.618′	N112°55.780′	古劳镇丽水村岗头园	较好	一般
188	朴树	19.3	0.85	12×12	120	E22°50.618′	N112°55.780′	古劳镇丽水村心村	一般	一般
189	木棉	20.2	0.7	8×8	100	E22°50.618′	N112°55.780′	古劳镇丽水村心村	一般	一般
190	华南皂荚	14.5	0.75	11×11	100	E22°50.618′	N112°55.780′	古劳镇丽水村心村	一般	一般
191	朴树	13	0.65	6×6	120	E22°50.612′	N112°55.782′	古劳镇丽水村心村	一般	一般
192	斜叶榕	10	0.52	6×6	120	E22°50.662′	N112°55.275′	古劳镇丽水村心村	一般	一般
193	五月茶	8	0.23	6×6	120	E22°50.617	N112°55.277′	古劳镇丽水村心村	一般	一般
194	山牡荆	16	0.68	11×11	150	E22°49.750′	N112°52.027′	古劳镇茶山	一般	一般
195	山牡荆	18	0.8	15×15	150	E22°49.750′	N112°52.027′	古劳镇茶山	一般	一般

（续表）

序号	树种	树高（m）	胸径（m）	冠幅（m）	树龄（年）	经度	纬度	所在地	长势	管理状况
196	浙江润楠	13.2	1.06	12×12	150	E22°49.750′	N112°52.027′	古劳镇茶山	较好	较好
197	红椿	11.7	0.66	8×8	150	E22°49.750′	N112°52.027′	古劳镇茶山	一般	一般
198	樟树	14.8	0.7	16×16	110	E22°49.750′	N112°52.027′	古劳镇茶山	较好	一般
199	山牡荆	17	0.62	10×10	150	E22°49.740′	N112°52.020′	古劳镇茶山	较好	较好
200	山牡荆	16	0.6	11×11	150	E22°49.751′	N112°52.017′	古劳镇茶山	较好	较好
201	山牡荆	16.5	0.65	10×11	150	E22°49.740′	N112°52.037′	古劳镇茶山	较好	较好
202	山牡荆	16.5	0.6	10×11	150	E22°49.746′	N112°52.071′	古劳镇茶山	较好	较好
203	山牡荆	16.5	0.63	10×11	150	E22°49.763′	N112°52.017′	古劳镇茶山	较好	较好
204	山牡荆	16.5	0.66	10×11	150	E22°49.755′	N112°52.127′	古劳镇茶山	较好	较好
205	山牡荆	16.5	0.6	10×11	150	E22°49.740′	N112°52.067′	古劳镇茶山	较好	较好
206	山牡荆	16.5	0.64	10×11	150	E22°49.758′	N112°52.037′	古劳镇茶山	较好	较好
207	山牡荆	16.5	0.64	10×11	150	E22°49.745′	N112°52.137′	古劳镇茶山	较好	较好
208	山牡荆	16.5	0.58	10×11	150	E22°49.766′	N112°52.077′	古劳镇茶山	较好	较好
209	粗壮润楠	15	0.66	10×12	150	E22°49.774′	N112°52.034′	古劳镇茶山	较好	较好
210	浙江润楠	16	0.53	10×12	150	E22°49.764′	N112°52.053′	古劳镇茶山	较好	较好
211	浙江润楠	16.5	0.6	10×12	150	E22°49.758′	N112°52.049′	古劳镇茶山	较好	较好
212	浙江润楠	16.5	0.54	10×12	150	E22°49.736′	N112°52.083′	古劳镇茶山	较好	较好
213	浙江润楠	16.5	0.46	10×12	150	E22°49.743′	N112°52.113′	古劳镇茶山	较好	较好
214	浙江润楠	16.5	0.68	10×12	150	E22°49.771′	N112°52.223′	古劳镇茶山	较好	较好
215	浙江润楠	16.5	0.7	10×12	150	E22°49.791′	N112°52.323′	古劳镇茶山	较好	较好
216	浙江润楠	16.5	0.63	10×12	150	E22°49.788′	N112°52.063′	古劳镇茶山	较好	较好
217	浙江润楠	16.5	0.62	10×12	150	E22°49.769′	N112°52.323′	古劳镇茶山	较好	较好
218	朴树	16	0.69	6×6	150	E22°49.612′	N112°52.752′	古劳镇茶山	较好	较好
219	朴树	16	0.75	6×6	150	E22°49.608′	N112°52.682′	古劳镇茶山	较好	较好
220	朴树	16	0.81	6×6	150	E22°49.619′	N112°52.792′	古劳镇茶山	较好	较好
221	细叶榕	19.4	1.26	18×18	130	E22°45.074′	N112°00.446′	雅瑶镇古蚕	一般	一般

（续表）

序号	树种	树高（m）	胸径（m）	冠幅（m）	树龄（年）	经度	纬度	所在地	长势	管理状况
222	细叶榕	14	2.1	16×16	130	E22°43.040′	N113°00.271′	雅瑶镇昆东	一般	一般
223	龙眼	7	0.42	6×6	100	E22°43.040′	N113°00.271′	雅瑶镇昆东	一般	一般
224	细叶榕	21.5	1.68	32×32	120	E22°42.205′	N113°00.734′	雅瑶镇安宁村	一般	一般
225	格木	13	0.35	12×12	100	E22°42.160′	N113°217.93′	雅瑶镇清溪村	较好	一般
226	格木	21.5	1.06	16×16	180	E22°42.160′	N113°217.93′	雅瑶镇清溪村	较差	较差
227	格木	17.6	1.08	12×12	180	E22°42.160′	N113°217.93′	雅瑶镇清溪村	较差	较差
228	格木	16.8	0.98	13×13	180	E22°42.160′	N113°217.93′	雅瑶镇清溪村	较差	较差
229	竹节树	8	0.665	6×6	100	E22°42.160′	N113°217.93′	雅瑶镇清溪村	较好	一般
230	马尾松	13	0.68	15×15	200	E22°44.822′	N112°58.295′	雅瑶镇大岗车山村	一般	一般
231	马尾松	20	0.73	18×	200	E22°44.813′	N112°58.309′	雅瑶镇大岗车山村	一般	一般
232	马尾松	15	0.65	15×15	200	E22°44.813′	N112°58.309′	雅瑶镇大岗车山村	较差	一般
233	樟树	14.5	1.21	25×25	120	E22°46.298′	N112°55.509′	龙口镇霄南	较好	一般
234	细叶榕	17	1.45	28×28	105	E22°45.871′	N112°55.200′	龙口镇青文	较好	一般
235	细叶榕	16	1.08	23×23	105	E22°46.229′	N112°54.556′	龙口镇协华	较好	较好
236	细叶榕	14	1.05	18×18	110	E22°47.508′	N112°54.197′	龙口镇中七	较好	较好
237	细叶榕	15	1.1	12×12	100	E22°47.868′	N112°52.147′	龙口镇沙云	一般	一般
238	木棉	14.5	1.17	13×13	120	E22°47.718′	N112°51.000′	龙口镇祥云	较好	一般
239	细叶榕	16	1.45	18×18	120	E22°45.881′	N112°50.324′	龙口镇粉洞	较好	较好
240	细叶榕	22	1.31	26×26	100	E22°46.605′	N112°52.538	龙口镇湴寥	一般	一般
241	细叶榕	23	1.25	15×15	130	E22°46.605′	N112°52.538	龙口镇湴寥	一般	一般
242	细叶榕	21.5	2.15	22×22	150	E22°44.614′	N112°51.891′	龙口镇五福村	一般	一般
243	细叶榕	16.5	1.85	23×23	100	E22°44.614′	N112°51.891′	龙口镇五福村	一般	一般
244	水翁	13.8	0.65	13×13	110	E22°43.241′	N112°51.294′	龙口镇三洞村	一般	一般
245	细叶榕	15.3	1.76	26×26	150	E22°43.241′	N112°51.294′	龙口镇三洞村	较好	较好
246	樟树	13.5	2	8×8	300	E22°42.103′	N112°51.760′	龙口镇古造村	较差	较好
247	橡胶榕	18	1.2	15×15	100	E22°42.981′	N112°52.279′	龙口镇三洞莲塘村	较好	一般
248	细叶榕	13	2.13	20×20	100	E22°35.512′	N112°55.298′	共和镇来苏河边	一般	一般

（续表）

序号	树种	树高（m）	胸径（m）	冠幅（m）	树龄（年）	经度	纬度	所在地	长势	管理状况
249	细叶榕	17	2.2	25×25	140	E22°34.645′	N112°55.498′	共和镇大凹新一村	较好	一般
250	樟树	21	2.62	32×32	530	E22°34.414′	N112°55.125′	共和镇大凹东胜村	一般	一般
251	樟树	17	0.8	12×12	100	E22°34.414′	N112°55.125′	共和镇大凹东胜村	较好	较好
252	樟树	16	1.3	18×18	100	E22°34.414′	N112°55.125′	共和镇大凹东胜村	较好	较好
253	樟树	11.5	1	10×10	100	E22°34.414′	N112°55.125′	共和镇大凹东胜村	较好	较好
254	黄桐	25	0.6	20×20	100	E22°34.420′	N112°55.109′	共和镇大凹东胜村	较好	较好
255	黄桐	26	0.72	25×25	100	E22°34.442′	N112°55.106′	共和镇大凹东胜村	较好	较好
256	黄桐	25	0.61	20×22	100	E22°34.422′	N112°55.101′	共和镇大凹东胜村	较好	较好
257	樟树	15	0.83	18×18	150	E22°34.590′	N112°57.341′	共和镇平岭缘合村	一般	一般
258	樟树	15	0.9	22×22	150	E22°34.590′	N112°57.341′	共和镇平岭缘合村	较好	一般
259	细叶榕	16	1.2	18×18	100	E22°35.678′	N112°58.262′	共和镇平岭排银村	较好	一般
260	细叶榕	17	1.28	2×2	100	E22°35.678′	N112°58.262′	共和镇平岭排银村	一般	根系裸露
261	细叶榕	10	1.3	11×11	100	E22°35.687′	N112°58.084′	共和镇平岭国庆村	较好	一般
262	细叶榕	19	1.1	20×20	100	E22°35.687′	N112°58.084′	共和镇平岭国庆村	较好	一般
263	细叶榕	15.5	1.8	28×28	110	E22°37.897′	N112°54.497′	共和镇里元里村	一般	一般
264	细叶榕	16	1.3	25×25	100	E22°37.957′	N112°54.283′	共和镇里元里村	一般	一般
265	龙眼	18	0.79	18×18	100	E22°37.957′	N112°54.283′	共和镇里元里村	较好	一般
266	朴树	18	1.27	24×24	100	E22°37.283′	N112°54.567′	共和镇桔元村	较好	一般
267	朴树	18	1.02	25×25	100	E22°37.283′	N112°54.567′	共和镇桔元村	较好	一般
268	细叶榕	14.2	1.95	30×30	150	E22°37.957′	N112°54.283′	共和镇南坑亦隆村	一般	一般
269	铁冬青	10	0.75	10×8	120	E22°35.682′	N112°53.442′	共和镇良庚村委会前	较好	较好
270	荔枝	13	1.34	15×15	120	E22°35.682′	N112°53.442′	共和镇良庚村委会前	较好	较好
271	荔枝	13	0.86	15×15	120	E22°35.682′	N112°53.442′	共和镇良庚村委会前	较好	一般
272	细叶榕	18	1.75	15×15	100	E22°35.218′	N112°51.974′	共和镇良庚村委会前	一般	一般
273	细叶榕	18	1.2	25×25	100	E22°35.221′	N112°51.529′	共和镇良庚西合村	一般	一般
274	细叶榕	18.5	2.1	30×30	120	E22°35.392′	N112°51.952′	共和镇良庚牛坑村	一般	一般
275	细叶榕	18	1.75	25×25	100	E22°34.447′	N112°50.594′	共和镇新连石迳村	较好	一般

（续表）

序号	树种	树高（m）	胸径（m）	冠幅（m）	树龄（年）	经度	纬度	所在地	长势	管理状况
276	见血封喉	11	1.1	6×3	280	E22°28.704′	N112°45.561′	址山镇昆阳树下村	较差	一般
277	见血封喉	17	1	11×11	280	E22°28.704′	N112°45.561′	址山镇昆阳树下村	较好	一般
278	见血封喉	23	1.3	15×15	280	E22°28.704′	N112°45.561′	址山镇昆阳树下村	较好	一般
279	细叶榕	23	2.1	30×30	120	E22°28.848′	N112°45.756′	址山镇昆阳那朗村	较好	一般
280	细叶榕	15	2.15	20×20	138	E22°28.846′	N112°47.967	址山镇四九大康村	较好	较好
281	细叶榕	17	2	32×32	120	E22°29.702′	N112°46.740′	址山镇四九三田村	较好	一般
282	细叶榕	14	1.3	20×20	120	E22°33.923′	N112°48.462′	址山镇莲塘上黄村	一般	一般
283	细叶榕	14	1.35	20×20	120	E22°33.923′	N112°48.462′	址山镇莲塘上黄村	一般	一般
284	细叶榕	14	1.1	20×20	120	E22°33.923′	N112°48.462′	址山镇莲塘上黄村	一般	一般
285	细叶榕	16	0.84	20×20	160	E22°42.244′	N112°29.222′	双合镇马步毡	一般	一般
286	细叶榕	16.5	0.84	16×16	160	E22°42.246′	N112°29.218′	双合镇马步毡	一般	一般
287	樟树	17	1.1	15×15	360	E22°43.139′	N112°29.918′	双合镇永乐村	较好	较好
288	樟树	16	1.1	8×8	360	E22°43.140′	N112°29.936′	双合镇永乐村	较差	较差
289	黄桐	22	0.55	10×10	100	E22°41.750′	N112°31.120′	双合镇邓屋村	一般	一般
290	细叶榕	16.5	0.96	25×25	130	E22°36.084′	N112°34.597′	双合镇莲村	较好	较好
291	水松	9.2	0.65	4×4	300	E22°37.145′	N112°38.210′	宅梧镇东约村	一般	一般
292	细叶榕	20	1.4	25×25	130	E22°39.108′	N112°39.912′	宅梧镇沙上村	一般	一般
293	细叶榕	19	1.8	20×20	160	E22°39.142′	N112°39.894′	宅梧镇沙上村	一般	一般
294	高山榕	20	2.1	22×22	180	E22°39.047′	N112°39.777′	宅梧镇沙下村	较好	一般
295	竹柏	14	0.41	10×10	100	E22°41.418′	N112°44.084′	宅梧镇白水带万亩林场	一般	一般
296	竹柏	13	0.51	10×10	100	E22°41.418′	N112°44.084′	宅梧镇白水带万亩林场	一般	一般
297	樟树	21	1.2	20×20	200	E22°40.428′	N112°43.355′	宅梧镇白水带红环村	较差	一般
298	铁冬青	20	0.75	13×13	120	E22°40.428′	N112°43.355′	宅梧镇白水带红环村	一般	一般
299	樟树	16	0.6	15×15	100	E22°40.428′	N112°43.355′	宅梧镇白水带红环村	一般	一般
300	土沉香	10	0.62	10×10	130	E22°39.919′	N112°42.459′	宅梧镇白水带新湾村	较好	一般
301	樟树	13	1.2	10×10	250	E22°36.757′	N112°37.994′	宅梧镇堂马塔岗村	一般	一般
302	樟树	16	1.51	32×32	300	E22°35.936′	N112°37.605′	宅梧镇堂马白石村	较好	较好

（续表）

序号	树种	树高（m）	胸径（m）	冠幅（m）	树龄（年）	经度	纬度	所在地	长势	管理状况
303	倒吊笔	10	1.3	2×2	170	E22°37.312′	N112°38.259′	宅梧镇靖村果园村	一般	一般
304	细叶榕	13	1.3	20×20	100	E22°37.312′	N112°38.259′	宅梧镇靖村果园村	一般	一般
305	细叶榕	19	1.3	25×25	100	E22°37.312′	N112°38.259′	宅梧镇靖村果园村	一般	一般
306	樟树	17	0.65	15×13	120	E22°39.657′	N112°36.763′	宅梧镇下沙华村	一般	一般
307	樟树	17	0.7	13×10	120	E22°39.657′	N112°36.763′	宅梧镇下沙华村	一般	一般
308	樟树	17	0.7	13×10	120	E22°39.657′	N112°36.763′	宅梧镇下沙华村	一般	一般
309	樟树	17	0.7	13×10	120	E22°39.657′	N112°36.763′	宅梧镇下沙华村	一般	一般
310	樟树	17	0.7	13×10	120	E22°39.657′	N112°36.763′	宅梧镇下沙华村	一般	一般
311	樟树	17	0.7	13×10	120	E22°39.657′	N112°36.763′	宅梧镇下沙华村	一般	一般
312	樟树	17	0.7	13×10	120	E22°39.657′	N112°36.763′	宅梧镇下沙华村	一般	一般
313	樟树	17	0.7	13×10	120	E22°39.657′	N112°36.763′	宅梧镇下沙华村	一般	一般
314	樟树	17	0.7	13×10	120	E22°39.657′	N112°36.763′	宅梧下沙华村	一般	一般
315	细叶榕	17	1.91	30×30	160	E22°40.718′	N112°37.067′	宅梧镇上沙坝村	较好	一般
316	樟树	16	0.86	10×10	130	E22°40.718′	N112°37.067′	宅梧镇上沙坝村	一般	一般
317	细叶榕	17	1.3	33×33	160	E22°41.031′	N112°37.173′	宅梧镇上沙东六村	一般	一般
318	樟树	14	1.15	12×12	130	E22°41.548′	N112°36.698′	宅梧镇上沙伏村	较差	较差
319	细叶榕	15	0.9	18×18	100	E22°41.548′	N112°36.698′	宅梧镇上沙伏村	较差	较差
320	细叶榕	15	1.2	15×15	120	E22°43.366′	N112°42.073′	宅梧镇泗云元坑村	较差	较差
321	樟树	19	1.1	15×15	150	E22°43.384′	N112°42.031′	宅梧镇泗云元坑村	较差	较差
322	土沉香	20	0.65	15×15	100	E22°43.384′	N112°42.031′	宅梧镇泗云元坑村	较好	较好
323	华润楠	23	0.55	25×25	100	E22°43.384′	N112°42.031′	宅梧镇泗云元坑村	较好	较好
324	樟树	14	1.55	15×15	250	E22°37.495′	N112°38.005′	宅梧镇靖村大园村	一般	一般
325	樟树	15	0.75	22×22	120	E22°35.965′	N112°38.186′	宅梧镇堂马新塘村	较好	一般
326	樟树	17	0.8	30×30	120	E22°35.965′	N112°38.186′	宅梧镇堂马新塘村	较好	一般
327	樟树	20	1	30×30	120	E22°35.965′	N112°38.186′	宅梧镇堂马新塘村	较好	一般
328	樟树	16	0.7	15×15	120	E22°35.965′	N112°38.186′	宅梧镇堂马新塘村	较好	一般
329	樟树	17	0.65	16×16	120	E22°35.965′	N112°38.186′	宅梧镇堂马新塘村	较好	一般
330	樟树	13	0.6	13×13	120	E22°35.965′	N112°38.186′	宅梧镇堂马新塘村	较好	一般

附录二　鹤山市古树名木调查统计汇总表

序号	树种	科	属	学名	数量	分布区域
1	马尾松	松科	松属	**Pinus massoniana** D. Don	3	雅瑶
2	水松	杉科	水松属	**Glyptostrobus pensilis** (Staunt) K. Koch	1	宅梧
3	竹柏	罗汉松科	竹柏属	**Nageia nagi** (Thunb.) Kuntze	2	宅梧
4	樟树	樟科	樟属	**Cinnamomum camphora** (L.) Presl	41	沙坪、桃源、宅梧、址山、古劳、共和、龙口、双合
5	浙江润楠	樟科	润楠属	**Machilus Chekiangensis** S. K. Lee	9	古劳
6	华润楠	樟科	润楠属	**Machilus chinensis** (Benth.) Hemsl.	1	宅梧
7	粗壮润楠	樟科	润楠属	**Machilus robusta** W. W. Smith	1	古劳
8	阳桃	酢浆草科	阳桃属	**Averrhoa carambola** L.	2	沙坪
9	土沉香	瑞香科	沉香属	**Aquilaria sinensis** (Lour.) spreng.	4	宅梧、桃源
10	木荷	茶科	木荷属	**Schima superba** Gardner & Champ.	2	桃源
11	肖蒲桃	桃金娘科	蒲桃属	**Syzygium auminatissimum** (Blume) Cand.	1	沙坪
12	白车	桃金娘科	蒲桃属	**Syzygium levinei** (Merr.) Merr. & L. M. Perry	4	沙坪
13	水翁	桃金娘科	蒲桃属	**Syzygium nervosum** Cand.	10	沙坪、鹤城、龙口
14	竹节树	红树科	竹节树属	**Carallia brachiata** (Lour.) Merr.	1	雅瑶
15	假苹婆	梧桐科	苹婆属	**Sterculia lanceolata** Cav.	1	沙坪
16	木棉	木棉科	木棉属	**Bombax ceiba** L.	10	沙坪、桃源、龙口、古劳
17	石栗	大戟科	石栗属	**Aleurites moluccana** (L.) Willd	1	鹤城
18	五月茶	大戟科	五月茶属	**Antidesma bunius** (L.) Spreng.	2	桃源、古劳
19	黄桐	大戟科	黄桐属	**Endospermum chinense** Benth.	4	共和、双合
20	格木	苏木科	格木属	**Erythrophleum fordii** Oliv.	4	雅瑶
21	华南皂荚	苏木科	皂荚属	**Gleditsia fera** (Lour.) Merr.	2	古劳
22	米槠	壳斗科	锥属	**Castanopsis carlesii** (Hemsl.) Hayata	1	鹤城
23	朴树	榆科	朴属	**Celtis sinensis** Pers.	16	沙坪、鹤城、古劳、共和
24	见血封喉	桑科	见血封喉属	**Antiaris toxicaria** Lesch.	3	址山
25	桂木	桑科	桂木属	**Artocarpus nitidus** Trécuil subsp. **Lingnanensis** (Merr.) F. M. Jarrett	3	沙坪
26	高山榕	桑科	榕属	**Ficus altissima** Blume	3	沙坪、宅梧
27	橡胶榕	桑科	榕属	**Ficus elastica** Roxb.	1	龙口
28	细叶榕	桑科	榕属	**Ficus microcarpa** L. f.	158	沙坪、桃源、宅梧、址山、古劳、共和、雅瑶、龙口、双合
29	斜叶榕	桑科	榕属	**Ficus tinctoria** G. Forst. subsp. **gibbosa** (Blume) Corner	1	古劳
30	铁冬青	冬青科	冬青属	**Ilex rotunda** Thunb.	3	沙坪、共和、宅梧
31	黄皮	芸香科	黄皮属	**Clausena lansium** (Lour.) Skeels	1	沙坪
32	橄榄	橄榄科	橄榄属	**Canarium album** (Lour.) Raeusch.	1	沙坪
33	红椿	楝科	香椿属	**Toona ciliata** Roem.	1	古劳
34	龙眼	无患子科	龙眼属	**Dimocarpus longan** Lour.	11	沙坪、共和、雅瑶
35	荔枝	无患子科	荔枝属	**Litchi chinensis** Sonn.	4	沙坪、共和
36	杧果	漆树科	杧果属	**Mangifera indica** L.	1	古劳
37	倒吊笔	夹竹桃科	倒吊笔属	**Wrightia pubescens** R. Br	2	桃源、宅梧
38	山牡荆	马鞭草科	牡荆属	**Vitex quinata** (Lour.) F. N. Williams	14	沙坪、古劳

参考文献

毕耀威，黎婉琼 . 1999. 广州沙面古树的保护 [J]. 广东园林，（2）： 28-31.

曹洪麟，蔡锡安，彭少麟，等 . 1999. 鹤山龙口村边次生常绿阔叶林群落分析 [J]. 热带地理，19（4）： 312-317.

巢阳，李锦龄，卜向春. 2005. 活古树无损伤年龄测定 [J]. 中国园林，(8): 57-61.

陈霞，张杜明 . 2003. 江门市市区古树名木现状与保护 [J]. 广州：广东林业科技，19（4）： 59-61.

崔卓梦，葛萌，甄学宁 . 2015. 三种榕树的板根生长特征及其在城市绿化的应用研究 [J]. 广东林业科技，31（2）：89-95.

东莞市人民政府 . 东莞市古树名木保护管理办法 [N]. 东莞市人民政府公报，2012-10-26.

段新霞，候金萍 . 2015. 古树名木的保护措施与复壮技术探讨 [J]. 农业与技术，35（5）： 118-119.

方克艳，陈秋艳，刘昶智，等 . 2014. 树木年代学的研究进展 [J]. 应用生态学报，25（7）： 1879-1888.

方全福 . 2005. 鹤山茶业辉煌历史和新时期茶业发展浅见 [J]. 广东茶业，（2）： 31-33.

傅立国 . 1992. 中国植物红皮书——稀有濒危植物 [M]. 北京：科学出版社 .

傅声雷，林永标，饶兴权，等 . 2011. 中国生态系统定位观测与研究数据集 . 森林生态系统卷广东鹤山站（1998-2008）[M]. 北京：中国农业出版社 .

关俊杰 . 2007. 古树的复壮技术 [J]. 农业科技与信息：现代园林，（3）： 65-66.

管群飞 . 2004. 上海古树名木冠名权拍卖活动的策划与思考 [J]. 国土绿化，11： 5.

广州市人民政府 . 广州地区古树名木保护条例 [N]. 广州人民政府公报，1985-5-6.

广州市人民政府办公厅 . 关于公布广州市第二批古树名木的通知 [N]. 广州人民政府公报，1995-3-14.

广州市人民政府办公厅 . 关于公布广州市第三批古树名木的通知 [N]. 广州人民政府公报，1999-8-31.

广州市人民政府办公厅 . 关于公布广州市第四批古树名木的通知 [N]. 广州人民政府公报，2003-3-24.

广州市人民政府办公厅 . 关于公布广州市第四批古树名木的通知 [N]. 广州人民政府公报，2007-12-19.

郭宜强 . 2012. 古树名木的法学问题初探 [J]. 福建林业科技，39（1）： 142-144.

鹤山县县志编纂委员会 . 2001. 鹤山县志 [M]. 广州：广东人民出版社 .

侯爱敏，彭少麟，周国逸 . 1999. 树木年轮对气候变化的响应研究及其应用 [J]. 生态科学，18（3）： 16-23.

胡坚强，夏有根，梅艳，等 . 2004. 古树名木研究概述 [J]. 福建林业科技，31（3）： 151-154.

李爱英，邓鉴锋 . 2004. 浅谈广东省古树名木的保护和管理 [J]. 中南林业调查规划，23（2）： 23-25.

李传林，朱江 . 2014. 气候变化对森林的危害—以干旱为例 [J]. 水寺保持应用技术，3： 31-33.

李锦龄 . 1998. 古树生态环境的研究简报 [J]. 北京园林，（4）： 8-10.

李锦龄 . 2001. 北京松柏类古树濒危原因及复壮技术的研究 [J]. 北京园林，17（1）： 27-30.

李坤新，瘳富林，罗来辉，等 . 2012. 梅江古树 [M]. 广州：暨南大学出版社 .

李平日，谭惠忠，刘禹，等 . 2004. 广东韶关南华寺水松的年代及生境初步研究 [J]. 热带地理，24（4）： 321-325.

李霞，张绘芳，陈敬锋，等 . 2006. 胡杨主干与一级枝年轮宽度相关性分析 [J]. 新疆农业大学学报，29（4）： 14-17.

李玉和，张丽丽 . 2010. 古树树洞修补技术的探讨 [J]. 北京园林，26（2）： 51-58.

林文斌 . 2013. 埋干促根法在漳州市古榕树抢救性移植中的应用 [J]. 南方农业， 7（5）： 14-17.
林仰三， 王林兴 . 1988. 广东省的古树名木 [J]. 广东林业科技， （3）： 29-35.
刘海桑 . 2013. 鼓浪屿古树名木 [M]. 北京： 中国林业出版社 .
刘鹏 . 2011. 我国古树名木保护的法律制度研究 [D]. 湖南： 湖南师范大学 .
刘晓燕 . 1997. 广州古树名木白蚁的发生与防治 [J]. 昆虫天敌， 4： 25-28.
莫栋材， 卢树洁， 梁丽华， 等 . 1995. 广州古树名木养护复壮技术研究 [J]. 广东园林， （4）： 17-25.
潘建萍 . 2013. 关于提高上海古树名木保护管理水平的思考 [J]. 上海农业科技， （5）： 84-85.
邱毅敏 . 2011. 广州古树名木保护与利用研究 [D]. 广州， 华南理工大学 .
全国绿化委员会办公室 . 2005. 全国古树名木保护现状与对策 [J]. 国土绿化， （10）： 6-8.
宋涛 . 2008. 北京市古树名木衰败原因与复壮养护措施 [J]. 国家林业局管理干部学院学报， （12）： 58-60.
覃勇荣， 刘旭辉， 兰萍 . 2007. 乡村古树年龄鉴定的基本方法探讨 [J]. 大众科技， 8： 109-111.
田利颖， 陈素花， 赵丽 . 2010. 古树名木质量评价标准体系的研究 [J]. 河北林果研究， 25（1）： 100-105.
王晓春， 及莹 . 2009. 树木年轮火历史研究进展 [J]. 植物生态学报， 33（3）： 587-597.
吴芳芳， 樊路英 . 2014. 浅谈古树名木的保护和复壮 [J]. 安徽农学通报， 20（19）： 77-82.
吴则焰， 刘金福， 洪伟， 等 . 2011. 水松自然种群和人工种群遗传多样性比较 [J]. 应用生态学报， 4（22）： 873-879.
吴泽明 . 2003. 园林树木栽培学 [M]. 北京： 中国农业出版社 .
熊和平 . 1999. 南方古树名木复壮技术研究 [J]. 武汉城市建设学院学报， 16（2）： 6-10.
徐晓星 . 1993. 鹤山史话 [M]. 鹤山： 鹤山县政协文史工作委员会出版 .
徐晓星 . 2001. 昆山鹤影 [M]. 珠海： 珠海出版社 .
徐志平， 叶广荣， 何世庆， 等 . 2012. 广州市古树群保护现状调查 [J]. 广东园林， 1： 55-57.
杨静怡， 马履一， 贾忠奎 . 2010. 古都北京的古树概述 [J]. 北方园艺， （13）： 110-113.
杨伟儿， 贺漫媚， 张乔松， 等 . 2003. 广州市第四批古树名木树龄鉴定 [J]. 广东园林， 3： 23-26.
叶广荣， 胡彦辉， 蒋爱琼， 等 . 2008. 广州市第五批古树名木资源调查及树龄鉴定 [J]. 广东园林， 4： 34-36.
叶广荣， 吴渭湛， 何世庆， 等 . 2014. 广州木棉古树生长状况调查及保护对策 [J]. 农业研究与应用， （3）： 88-92.
易绮斐， 林永标 . 2013. 鹤山树木志 [M]. 武汉： 华中科技大学出版社 .
尹俊杰， 黄三祥 . 2014. 北京市古树名木保护管理问题及对策 [J]. 北京园林， 30（1）： 3-8.
袁传武， 章建斌， 张家来， 等 . 2012. 湖北省古树年龄鉴定方法 [J]. 湖北林业科技， 1： 23-26.
张乔松， 杨伟儿， 吴鸿炭， 等 . 广州古树树龄鉴定初研 [J]. 中国园林， 1985， （2） :43-46.
张乔松，阮琳，杨伟儿，等 . 2002. 广州市古树名木保护规划 [J]. 广东园林， （2）： 14-20.
张思玉 . 2008. 年中国南方冰雪灾害对夏季森林火灾的影响 [J]. 防灾科技学院学报， 10（2）： 11-14.
庄晨辉， 吴朝明 . 2013. 福建省古树名木现状调查与保护对策 [J]. 华东森林经理， 27（4）： 48-50.